A BRIEF HISTORY OF THE UNIVERSE FOR CHILDREN

宇宙简史

少年简读版 ④

庞之浩 ◉ 主 编

青岛出版集团 | 青岛出版社

图书在版编目（ＣＩＰ）数据

宇宙简史：少年简读版 . 4 / 庞之浩主编 . — 青岛：青岛出版社，2024.1
ISBN 978-7-5736-1558-9

Ⅰ . ①宇… Ⅱ . ①庞… Ⅲ . ①宇宙—少年读物 Ⅳ . ① P159-49

中国国家版本馆 CIP 数据核字 (2023) 第 201094 号

YUZHOU JIANSHI（SHAONIAN JIANDU BAN）

书 名	**宇宙简史**（少年简读版）	
主 编	庞之浩	
出 版 发 行	青岛出版社（青岛市崂山区海尔路 182 号）	
本 社 网 址	http://www.qdpub.com	
责 任 编 辑	李康康　刘 怿	
封 面 设 计	刘 帅	
排 版	青岛艺鑫制版印刷有限公司	
印 刷	青岛新华印刷有限公司	
出 版 日 期	2024 年 1 月第 1 版　2024 年 1 月第 1 次印刷	
开 本	16 开（889mm×1194mm）	
印 张	20	
字 数	400 千	
书 号	ISBN 978-7-5736-1558-9	
审 图 号	GS 鲁（2023）0398 号	
定 价	136.00 元（全四册）	

编校印装质量、盗版监督服务电话　4006532017　0532-68068050

前言
PREFACE

古人观察日月星辰，提出了很多关于宇宙的问题，例如：星星为什么会闪烁？月亮为什么会有圆缺？太阳为什么东升西落？

我们仰望夜空，看到银河泛着白色微光，流星划过天际。也许你还没来得及许愿，各种问题就已经在脑海中浮现：银河是怎样形成的？彗星距离我们有多远？

假如我们有一双神奇的眼睛，可以向深空眺望，从地球到月球，再穿越太阳系、银河系，抵达宇宙深处，掠过其他星系，与黑洞擦身而过，与暗物质相伴，一直延伸到更远的地方，我们就会发现宇宙的浩瀚无垠。我们所知道的太阳、月亮，我们曾经无数次听过的金星、水星和木星以及我们目光所及的几百颗恒星，只是宇宙的一部分。

"宇宙原是个无穷的有限，人类恰好是现实的虚空。"几千年来，我们从未停止过对宇宙的探索。我们所在的宇宙远比我们期待的更加深邃广阔，也比我们想象的更加绚丽多彩。这本书可以为你指明宇宙探索的路径，它用详尽的图片展示你将要去的地方，用简洁明朗的语言描述探索者一路追寻的景点。

宇宙是很多科学家的挚爱，张衡、托勒密、哥白尼、爱因斯坦、霍金等前赴后继，热情不减。

如果你想成为一名宇宙的观察者，你会怎么做？我想你一定会从地球的近处开始，然后飞向更远的远方，去探索宇宙的秘密。

目 录
CONTENTS

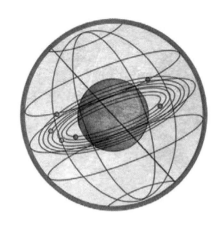

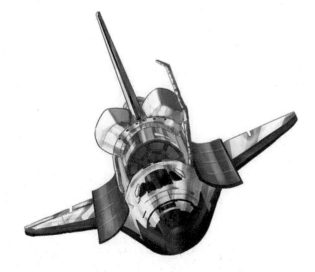

第一章 人类对宇宙的探索

夜幕降临，我们抬头望天，能看到点点繁星在暗夜苍穹中发出明亮的光辉。那光辉实在太远了，远得令古代的先贤都误以为星星小得像沙漠中的微尘，而我们的地球则是宇宙的中心，日月星辰都围绕着地球转动。可事实真的如他们所想吗？人类从对天外的世界产生了好奇心以来，就一直带着这样的疑问对宇宙展开探索。随着时代的发展和科技的进步，越来越多的科学家拿出有力的证据向我们证明：在浩瀚的宇宙中，地球只是一粒微尘。

开天斧

盘古

中国古代神话传说中的创世神

创造宇宙的神话

从古至今，人类一直对莽莽苍穹充满了敬畏与遐想。我们从哪里来，又要到哪里去？宇宙究竟是什么样子？又是谁创造了宇宙？……这些问题萦绕在人们心头许久，即使到了科技发达的今天，很多问题仍然没有找到答案。面对横亘千万年的难题，人们创造出了"神"来解释一切。在各个古文明中，都流传着"神"与宇宙的神话。

中国神话：盘古开天辟地

传说，宇宙最初处于一团混沌的状态。盘古在混沌之中孕育而生。他手持巨斧劈开了混沌之气，使清气上升形成天，让浊气下降形成地。为了防止天与地再次重合，他用身体支撑在天地之间。随着他的身体不断长高，天地之间的距离也被不断撑大。终于，天地分开了，盘古却因精疲力尽而死。他的身体发肤化作了日月星辰、山川江河以及生活在这片天地间的万物。

古巴比伦神话：马尔杜克创造天地

相传，甜海的阿卜苏与咸海的提亚玛特创造了众神，但是众神的吵闹让他们难以安宁。于是，两位神祖密谋消灭众神来解除痛苦。这个消息被他俩的大儿子埃阿得知，于是埃阿联合众神先下手为强，除掉了阿卜苏。在战斗中，提亚玛特也被战神马尔杜克一箭穿心而死。马尔杜克将提亚玛特的尸骸带回，创造了天地、星辰、山脉和平原等。马尔杜克也成了新的众神之王。

马尔杜克

基督教神话：上帝创世

据基督教典籍记载，宇宙最初只有上帝一个生灵。上帝对宇宙的混沌与黑暗感到不满，于是在第一天创造了光暗、昼夜，第二天创造了空气和水，第三天创造了陆地、海洋、植物，第四天创造了日月星辰，第五天创造了鸟和水中的生命。第六天，上帝创造了地上的生灵，并按照自己的形象创造出万物之灵——人类，帮助自己掌管万物。第七天，一切工作都完成了，上帝便歇息了，他把这一天定为"圣日"，信徒们也称之为"安息日"。

基督教典籍中，上帝创造了万物。

古埃及神话：阿图姆神创造世界

在古埃及神话中，宇宙最初是混沌无序的。太阳神阿图姆生出了风神舒和雨神特夫努特，让他们去改变宇宙混沌的状态。在他们的努力下，他们生出了天空女神努特和大地之神盖布。然而，舒和特夫努特迷失在黑暗中，痛苦的阿图姆神挖出自己的眼睛去寻找他们，最终才找到他们。当儿女回到阿图姆神的身边时，他流下了激动的眼泪，泪水掉落在地面上，形成了人类。

▼ 阿图姆神

阿图姆神是赫利奥波利斯神学中的创世神和太阳神。

▲ 上帝创世

3

▼ 亚里士多德在吕克昂学园

希玛申是古希腊男子穿的服饰。

皮凉鞋

亚里士多德与"地心说"

　　亚里士多德是古希腊乃至古代世界上最伟大的哲学家、教育家和科学家之一。在天文学方面，他将"地心说"完善并发扬光大，为人类对宇宙的探索树起了一座丰碑。虽然"地心说"已被证实在我们生活的太阳系中是错误的，但以人类现有的科技水平，仍然无法否认他所描述的天体运动在宇宙其他地方存在的可能性。

地球中心说

▼ 亚里士多德

　　亚里士多德认为：宇宙是一个有限的球体，分为天与地两层。因为物体总是落向地面，所以地球是宇宙的中心，日月星辰都在围绕着地球运动。而地球是不动的，静止于宇宙中心。地球中心说受到了宗教的拥护，从 13 世纪到 17 世纪，"地心说"一直是天主教教会公认的世界观。

▼ 地球中心说

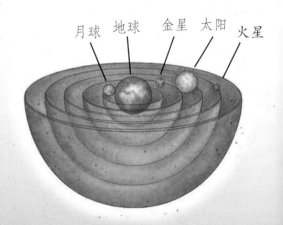

月球　地球　金星　太阳　火星

4

吕克昂学园又称"逍遥派学校"。

土

气

火

水

▲ 四元素

四元素说

四元素说是恩培多克勒总结的构成世界物质的理论。他认为万物都由土、气、水、火这4种元素组成。亚里士多德在恩培多克勒的理论的基础上，将四元素说发展成为一种正式体系。4种元素对应干、湿、冷、暖4种性质，人们认为只要改变物质中这4种原始性质的比例，就可以创造一切物质。四元素说为"地心说"提供了理论依据。

"月亮以下"论

在四元素说的基础上，亚里士多德认为月亮以下的物质都是由4种元素组合而成的，因此它们是可生可灭的；而月亮以上的物质则由第五种元素——以太组成，所以它们是神圣的、不生不灭的。宇宙是球形的，并且分为等距的9个天层，每层天也都是球形的，越往上层的天层就越神圣。以太在神圣空间沿着正圆轨道运行，并带动天体都沿着正圆轨道运行。

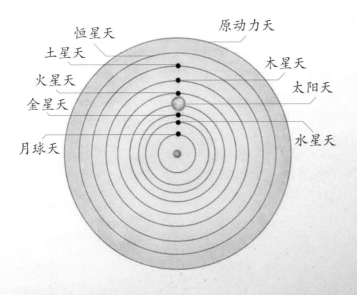

恒星天　　原动力天
土星天　　　　木星天
火星天　　　　太阳天
金星天　　　　水星天
月球天

▲ "九层天"理论

在亚里士多德的设想中，地球之外的9个天层从内到外分别是月球天、水星天、金星天、太阳天、火星天、木星天、土星天、恒星天和原动力天。

托勒密宇宙模型

亚里士多德的"地心说"几乎得到了所有学者的支持，其中也包括古希腊著名的天文学家、地理学家托勒密。托勒密结合自己的研究与亚里士多德的理论，于公元 2 世纪提出了"宇宙结构学说"。

托勒密的宇宙构造学说

托勒密将亚里士多德的"九层天"理论扩展为 11 层，并认为每个行星都在一个名为"本轮"的小圆上运动。同时，这些"本轮"又在以地球为中心的"均轮"上运动。但是，托勒密也假设均轮可能是一些偏心圆，因此地球可能并不在均轮的中心。除了做轨道运动，日、月、行星每天都会绕地球转动一周。

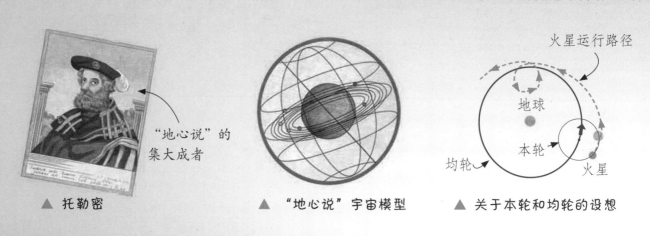

▲ 托勒密　　　　　"地心说"的集大成者

▲ "地心说"宇宙模型

▲ 关于本轮和均轮的设想

（图注：火星运行路径　地球　本轮　均轮　火星）

托勒密学说流行的原因

托勒密的宇宙构造并不是真实的宇宙构造，但在当时，这个学说能较完满地解释观测到的行星运动情况，与权威学者的假设也相吻合。此外，它预测出的行星位置较为准确，还能生动地反映行星明暗变化的原因。这一学说既有利于航海，也符合宗教信仰，所以一度十分流行。

托勒密生于埃及，父母都是希腊人。

▲ 托勒密宣扬自己的学说

《天文学大成》

托勒密总结了古希腊天文学的成就，写成了长达 13 卷的《天文学大成》。这套书就相当于古代西方天文学的百科全书，里面除了有托勒密自己的理论，还有当时已有的天文学知识体系、日月食等天文现象的观测方法、一年的持续时间、星表等。直到开普勒时代，《天文学大成》都是所有天文学家的必读之书，托勒密的天文思想也统治了西方天文学界长达约 14 个世纪之久，直到"日心说"出现后才被推翻。

▼ 古希腊的船队

人们通过星辰辨别方向。

桨帆船

人力驱动划桨。

哥白尼创立"日心说"

在"地心说"占据天文学界主流观点的时代，波兰天文学家哥白尼提出了"日心说"。这一理论不仅冲击了"地心说"的正统地位，也动摇了罗马教会在欧洲的统治地位。尽管我们现在知道"日心说"更为正确，但在当时，"日心说"被视为歪理邪说，哥白尼因此被宗教界视为异端并受到了极大的打压。

▲ 哥白尼

"日心说"提出的原因

在《天文学大成》著成后的数个世纪里，随着观测资料的不断增加，天体的运行越来越难以用托勒密的地心体系来解释。因此，天文学家们不得不在这个体系的基础上增加越来越多的"本轮"来继续自圆其说，哥白尼也是其中一员。在仔细研究了托勒密的著作后，哥白尼发现了其中的错误，并提出了"日心说"。

"日心说"讲了啥？

哥白尼认为：太阳才是宇宙的中心，包括地球在内的所有天体都在围绕着太阳运动。地球在绕轴自转的同时围绕太阳公转，其他行星也在绕太阳公转，而月球则是绕着地球公转。这个观点已经非常接近现代天文学的理论了，但并不是完全正确。哥白尼犯了和前人一样的错误，那就是严重低估了太阳系的规模，他仍然认为星体运行的轨道是一系列同心圆。

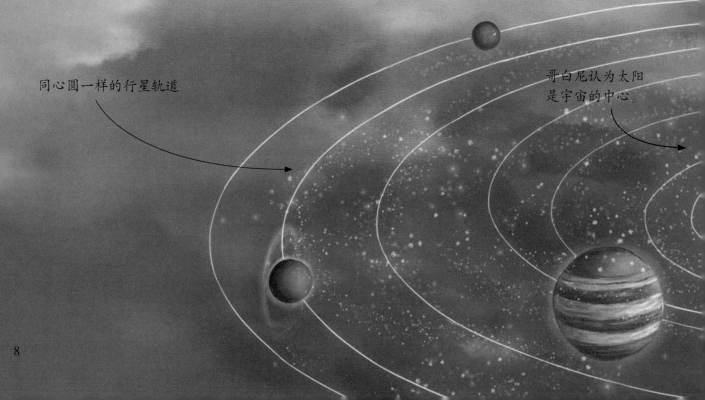

同心圆一样的行星轨道

哥白尼认为太阳是宇宙的中心。

《天体运行论》的出版

哥白尼的观点一开始只是以简稿的形式在朋友之间传阅。经过多年的深入观测与计算，他完成了《天体运行论》这部著作，并正式提出了"日心说"。但由于"日心说"与罗马教会奉行的"地心说"相悖，这部书迟迟未能出版发行。在很多年里，哥白尼只能到处演讲来传播他的学说要点。直到 1543 年 5 月 24 日，重病垂危的哥白尼才终于收到了出版商寄来的《天体运行论》样书，不久后他便去世了。

▲《天体运行论》

▼ 哥白尼发表演说

人们认为哥白尼的思想是异端邪说。

"日心说"的历史地位

尽管哥白尼的"日心说"对于许多问题的解释仍然难以摆脱前人的影响，但是哥白尼已明确指出地球不是宇宙的中心，推翻了长期以来统治天文学界的"地心说"，并从根本上驳斥了神创宇宙的谬论，从而掀起了一场天文学上根本性的革命，为人类通往近代天文学铺平了道路。

伽利略的理论

"日心说"后来受到了众多天文学家的推崇，尤其是意大利科学家伽利略。他在实验的基础上，融合了数学、物理学和天文学的知识，科学地论证了"日心说"的正确性。你能猜到他是如何做到的吗？

伽利略是首先将望远镜用于观察月球地表特征的人之一。

▲ 月球　　▲ 土星　　▲ 金星

伽利略发明天文望远镜

想知道"日心说"与"地心说"到底哪个说得对，只要到宇宙中看看不就好了？现在我们可以这样去验证，但在16、17世纪，这种想法简直是天方夜谭。人们只能从地面上观测天体的运行，可光靠肉眼看不出什么，得借助工具才行。1609年，伽利略制作出了可以放大30多倍的望远镜，这使他可以更加清楚地观测到宇宙的细节，也为天文学开创了一个新的时代。

▼ 观测星空的伽利略

伽利略改进优化了望远镜的性能。

伽利略观测星空

由于拥有那个时代最先进的天文观测仪器，伽利略取得了多项世界第一的成就。他是第一个发现并追踪木星卫星、观察到金星盈亏变化以及在月球上发现山脉和陨石坑的人，同时也是最早发现并非所有行星都围绕地球转动的人。这些观测结果足以说明地球并非宇宙的中心，进而有力地证明了哥白尼"日心说"的正确性。

伽利略的执着

伽利略把他的发现写入自己的著作中，试图为哥白尼的"日心说"辩护。但在当时，教会的统治极为严苛，所有与"神创论"和"地心说"相违背的宇宙观都被禁止。因此，伽利略受到了严厉警告。即便如此，伽利略也没有屈服。他在1632年出版了《关于托勒密和哥白尼两大世界体系的对话》。这本维护"日心说"、暗讽教皇的著作彻底激怒了教会，最终导致伽利略被判处终身监禁。

▲ 伽利略和"日心说"

晚年坚持研究

即使在这样的折磨之下，伽利略仍然没有放弃研究。后来他的监禁改为在家中软禁，在这期间，他又撰写了一部科学著作，论述了他在物理学和数学上的研究成果。1638年，伽利略双目失明，但所幸教廷对他的监视与限制已经有所放松，许多好友和学生都前来看望他，与他交流科学上的问题。直至临终前，伽利略仍在坚持科研。

在这场审判中，伽利略被裁决有罪。

罗马教廷于1633年对伽利略进行审判。

开普勒的三大定律

　　几乎和伽利略同一时期，德国天文学家开普勒用不同的方法验证了"日心说"。通过对行星轨道的计算，他得出了著名的开普勒行星运动三大定律：椭圆定律、面积定律和周期定律。通过这三大定律，人类得以科学地计算行星运行的轨道。

▼ 开普勒

望远镜

星盘

天球仪

开普勒的困惑

　　开普勒曾是著名天文学家第谷·布拉赫的助手。第谷去世后，他接替了第谷的工作，并借助第谷多年积累的观察记录进行天文研究。因为第谷曾提出过一种介于"地心说"和"日心说"的学说，所以开普勒想要结合数学分析判断出究竟哪种行星运动学说是正确的。可是经过多年的费心计算，开普勒发现：无论哪种学说都与第谷的观测记录不相符，这是怎么回事呢？

椭圆形的轨道

　　实际上，不管是亚里士多德、托勒密还是哥白尼、伽利略，他们都先入为主地认为天体都在圆形的轨道上运行。但开普勒的计算结果证明事实并不像人们想的那样，这一点让他自己也百思不得其解。于是他换了个思路，不以圆形轨道为前提，而是假设别的几何图形为轨道进行计算。最终他发现：只有椭圆形的行星运行轨道能做出最合适的解释。

第谷·布拉赫是丹麦天文学家和占星家。

开普勒的数学才能吸引了第谷。

▼ 开普勒和第谷

开普勒三大定律

开普勒将这个发现总结为椭圆定律，与此同时，他还发现了行星运行的面积定律。在1609年出版的《新天文学》这本书中，开普勒详细介绍了这两条定律。10年后，他又发现行星运动的周期定律。周期定律与椭圆定律、面积定律共同组成了开普勒三大定律。

开普勒三大定律的定义

椭圆定律即开普勒第一定律，指的是所有行星围绕太阳运动的轨道都是椭圆形，太阳则位于这个椭圆的一个焦点上。

面积定律即开普勒第二定律，指的是行星距离太阳越近，运行速度就越快。在相等时间内，行星与太阳之间连线扫过的面积相等。

周期定律即开普勒第三定律，指的是行星距离太阳越远，运转周期越长，而且运转周期的平方与它到太阳之间距离的立方成正比。

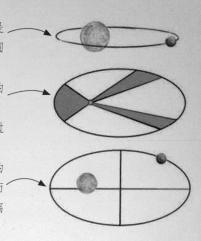

▲ 正在研究的开普勒

后世为开普勒赋予了"天空立法者"的美名。

非凡的成就

开普勒定律一经发布，就使得影响深远的"地心说"本轮体系彻底崩塌，复杂的行星运动终于不再神秘，哥白尼的"日心说"也向前推进了一大步。但开普勒的贡献其实远不止于此，他还为近代光学的发展奠定了基础，由他改良制造的天文望远镜也被广泛用于天文观测上。

牛顿与万有引力

开普勒通过对天文观测的总结和计算，揭示了行星运动的外在规律。而牛顿发现的万有引力定律则阐明了其中的内在原因，即为何行星运动符合开普勒定律。牛顿消除了人们对"日心说"的最后疑虑，继而促成了一场颠覆性的科学革命。

太阳的引力牵引着太阳系的天体。

万有引力定律

为什么行星有规律地围绕太阳运行？为什么月亮围绕着地球转动？牛顿认为：一定有一种神奇的力量在牵引着一切。经过深入的思考与研究，牛顿终于发现了其中的奥秘，那就是"万有引力"。万有引力定律认为：任何两个物体之间都有相互作用的引力，引力的大小与各物体质量的乘积成正比，与它们之间距离的平方成反比。

地球绕着太阳转

万有引力定律，简单来说就是质量越大的物体产生的引力越大，两个物体间的距离越远，它们之间的引力就越小。太阳的质量大约是地球的33万倍，产生的引力足以让它吸引地球在它身边。又因为地球一直在公转，公转产生的离心力在抵抗太阳的引力，所以它不会被拉到太阳跟前，而是能够在自己的轨道上平稳运行。其他行星围绕太阳运行、月亮围绕地球转动也是同样的道理。

艾萨克·牛顿是英国著名物理学家，被称为"百科全书式"的天才。

月球

地球

太阳

◀ 牛顿发现了万有引力

一次赌约诞生的杰作

万有引力定律被牛顿总结在《自然哲学的数学原理》这本著作中，而这本著作的诞生却与另一位科学家有莫大的关系。1684年，天文学家哈雷与朋友们就天体运行的问题打了个赌，谁先知道答案就能获得奖品。哈雷为此去求教牛顿，牛顿表示自己虽然知道答案，但演算材料不知道放在哪里了，于是答应哈雷重新计算一遍。就这样，牛顿两年内闭门不出，日夜思考计算，终于有了《自然哲学的数学原理》这部伟大的著作。

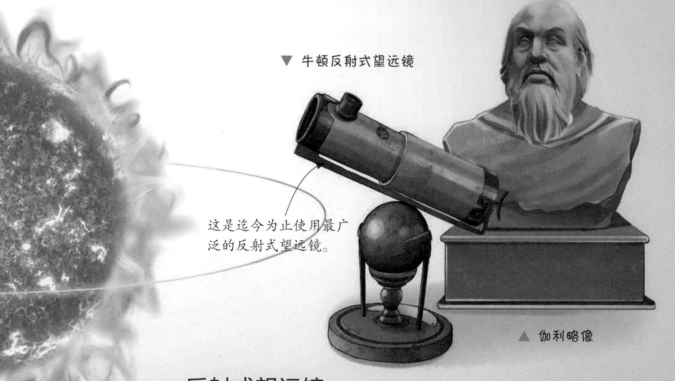

▼ 哈雷与朋友们打赌

赌局三方分别是罗伯特·胡克、克里斯托弗·雷恩和哈雷。

▼ 牛顿反射式望远镜

这是迄今为止使用最广泛的反射式望远镜。

▲ 伽利略像

反射式望远镜

探索宇宙离不开天文仪器的辅助。伽利略发明的折射式望远镜极大地扩展了人类观测宇宙的范围，但是它存在的缺陷也阻碍了天文观测的进一步发展。牛顿在发现光的色散现象之后，于1668年制作了第一架反射式望远镜。这种望远镜的成像没有色差，像质清晰，为后来现代大型天文望远镜的制造奠定了基础。

爱因斯坦的相对论

19世纪末20世纪初，物理学界经历了一次大变革，同时也迎来了一位天才科学家——爱因斯坦。爱因斯坦从实验事实出发，接连用5篇论文推动了科学理论的革命性突破，为物理学和天文学的发展做出了划时代的贡献。他的这5篇论文都发表于1905年，所以这一年也被称为"爱因斯坦奇迹年"。

他被《时代周刊》评选为"世纪伟人"。

▲ 爱因斯坦

相对论是一个关于时空和引力的理论。

对宇宙学的贡献

爱因斯坦主张依靠科学来解决宇宙是否有限的问题，而不是依赖信仰。在对宇宙的研究中，他借鉴了动力学建立宇宙模型的方法，引进了宇宙学原理与弯曲空间等概念。这种开创精神与哥白尼、伽利略等天文学家如出一辙。所有人都不能否认，这位物理学界的"大佬"在宇宙学中也留下了光辉灿烂的一页。

质能公式

$$E=mC^2$$

▼ 时空弯曲

当引力达到一定程度后，就会产生时空弯曲现象。

狭义相对论

　　1905 年，爱因斯坦用 5 篇论文论述了 3 个物理学理论，分别是分子运动论、光量子假说和狭义相对论。狭义相对论是使爱因斯坦声名远扬的标志性理论之一，它揭示了物质与运动的统一性，进而得出质能公式——$E=mc^2$。这个公式的出现打开了核能源理论的大门，同时也使长期存在的恒星能源的问题最终得到了解决。

广义相对论

　　狭义相对论是揭示时空与引力的理论，既然有"狭义"这两个字，就说明它只适用于特定范围。10 年后，爱因斯坦又提出了适用范围更广的广义相对论。广义相对论与狭义相对论统称为"相对论"，是现代物理学的基础之一。在天体物理学中，爱因斯坦用广义相对论推导得出：某些大质量的恒星最终会成为黑洞，并预言了引力波的存在等。

▼ 爱因斯坦与其他物理学家共同研究相对论

爱因斯坦认为时间不是绝对的和永恒的，它是可以更改的，甚至还有形状。

哈勃的重大发现

▼ 哈勃

爱德文·哈勃是 20 世纪最著名的天文学家之一。他通过观测，确认了星系是与银河系相当的恒星系统，继而开创了星系天文学这一新学科。因此，人们都尊称哈勃为"星系天文学之父"。

哈勃是美国著名天文学家。

多普勒效应

1842 年，奥地利的物理学家多普勒注意到一个现象。有一次他路过铁路时，恰逢一辆列车驶过。列车由远到近，汽笛声逐渐变大，但波长变短；列车由近到远，汽笛声逐渐变小，但波长变长。多普勒便对此进行了研究，并提出了物体辐射的波长会因波源和观察者的相对运动而产生变化的观点。这一理论后来被称为"多普勒效应"。

▲ 多普勒效应

多普勒效应是用发现者克里斯蒂安·多普勒的名字命名的。

多普勒效应广泛应用于天文、雷达及医疗等领域。

多普勒位移

波在波源接近观测者时频率变高，在波源远离观测者时频率变低，这种位移现象我们称之为"多普勒位移"。而"接近"和"远离"这两种位移我们分别叫作"蓝移"和"红移"。不是只有声波才有多普勒效应，所有的波都有，包括光波和电磁波。

奥地利物理学家和数学家。

◀ 多普勒

在天文学中，多普勒位移可以用来测量星体的运动速度和距离。

哈勃定律与宇宙膨胀理论

根据多普勒效应，当天体发出的光接近我们时，会发生蓝移；反之，则发生红移。20世纪初，哈勃在观测河外星系时发现：所有遥远星系的光均有红移现象，并且越遥远的星系红移越大。因此，他得出了一个重要结论：所有星系都在离我们远去，并且距离越远，远离速度越快。这说明宇宙并非静止不变，而是在不断膨胀。这就是哈勃的重大发现，也被称为"哈勃定律"。

◀ 宇宙膨胀

哈勃是提供宇宙膨胀实例证据的第一人。

19

史蒂芬·霍金与黑洞

1916 年，天文学家卡尔·史瓦西通过计算得出：宇宙中存在一个可以吞噬一切、连光都无法逃脱的天体，即"黑洞"。自那时起，这个神秘的天体一直吸引着无数科学家去探索和研究，其中就包括现代最伟大的物理学家之一——霍金。现在让我们跟随霍金的脚步，一起揭开黑洞的神秘面纱吧！

黑洞的引力非常大，周围的时空都发生了弯曲。

▼ 黑洞

天妒英才

1959 年，17 岁的霍金进入牛津大学攻读自然科学，获得学位后，又转入剑桥大学研究宇宙学。就是这样一位前途无量的高才生，却在 21 岁时不幸患上"渐冻症"。这个病让他的全身肌肉萎缩、讲话困难，最终出现呼吸衰竭。坚强的霍金并没有向病魔屈服，而是依然奋斗在自己热爱的研究工作中。就这样，他在不断与病魔斗争的过程中取得了一项又一项科学成就，成了当代最伟大的科学家之一。

一个奇点

1965 年，霍金加入了著名数学家和物理学家彭罗斯的研究团队，他们一起证明了一个著名的定理——奇性定理。奇性定理认为：宇宙是由一个初始奇点的大爆炸产生的，这个奇点也是时间开始的地方；而黑洞内部也有一个奇点，那是时间终结的地方。这个定理一经提出就获得了学术界的广泛认可，他们还因此共同获得了 1988 年的沃尔夫物理奖。

黑洞如同漩涡，只要靠近就会被强大的吸力吞没。

▲ 黑洞爆发

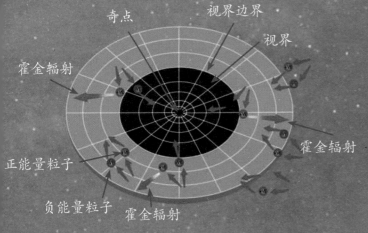

奇点　　视界边界

视界

霍金辐射

霍金辐射

正能量粒子

负能量粒子　霍金辐射

霍金辐射

为了解释黑洞蒸发理论，霍金引入了一个新的概念，即霍金辐射。在他看来，宇宙空间有许多粒子与反粒子，它们一个带有正能量，一个带有负能量，通常成对出现，然后彼此湮灭。如果一对粒子正好出现在黑洞附近，那么带有负能量的粒子会掉入黑洞，带有正能量的粒子会逃逸出去。负能量粒子会导致黑洞质量减小，最终完全蒸发。逃逸出去的粒子就形成了霍金辐射。

黑洞蒸发理论

1974 年，霍金发现黑洞并不完全是黑的，也不只是一个"洞"。他发现了黑洞的蒸发现象。他认为：黑洞不仅可以不断吸积周围的物质来增加质量，还可以将物质向外发射出去，使质量减小。如果你能亲眼看到黑洞，你就会看到黑洞外围绕着明亮如太阳的吸积盘在吸积物质，而黑洞喷出物质的黑洞喷流也有着明亮的光芒。

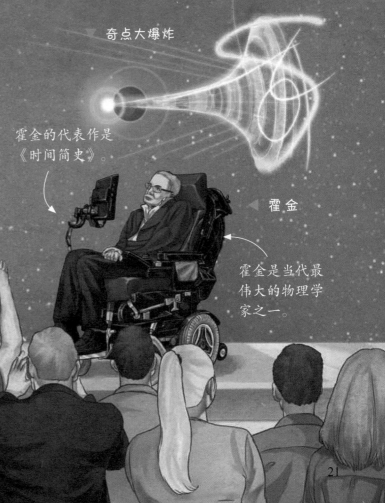

奇点大爆炸

霍金的代表作是《时间简史》。

◀ 霍金

霍金是当代最伟大的物理学家之一。

 第二章 **人类对太空的探索**

　　自古以来，人类对浩瀚的太空充满了好奇和幻想。从古老的占星术到现代的天文学，人类从来没有停止过对太空的追求和探索。从天文望远镜到射电望远镜，从空间探测器到载人宇宙飞船，人类在探索太空的过程中，技术不断突破，思路不断更新。相信在不远的未来，人类定能实现太空移民之梦。

"千里眼"——天文光学望远镜

在发明望远镜之前，人们只能通过肉眼或简陋的工具观测天空，因此观测的视野受到了很大的限制。1609年，意大利科学家伽利略自己设计了一种望远镜，可以放大30多倍。他用望远镜对准月球，第一次观察到了奇特的环形山，后来又发现了木星的4颗大卫星，还观察到了金星的盈亏变化、太阳黑子现象以及银河中密布的点点繁星。这些奇妙的现象都是过去从未见过的。因此，专门用于观测星空的天文光学望远镜很快就得到了发展。

折射望远镜

与普通望远镜相比，天文望远镜在体积上要大得多，性能也精良得多。现代的天文光学望远镜根据设计原理的不同，一般可以分为3大类，即折射望远镜、反射望远镜和折反射望远镜。最早的天文望远镜——伽利略望远镜就是折射望远镜。

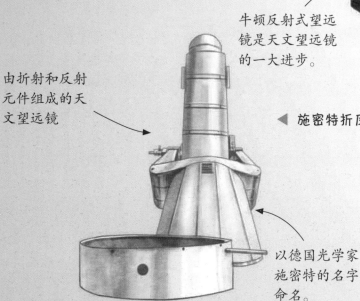

镜筒

凹面反射镜

▲ 牛顿反射式望远镜

牛顿反射式望远镜是天文望远镜的一大进步。

由折射和反射元件组成的天文望远镜

▲ 施密特折反射望远镜

以德国光学家施密特的名字命名。

反射望远镜

由于早期的折射望远镜存在许多缺陷，不仅有色差，而且极大地影响了观测的精度。1668年，伟大的物理学家牛顿发明了反射式望远镜。这种望远镜具有较高的成像质量，镜筒较短，工艺制作也相对简单。

折反射望远镜

　　还有一类望远镜是折反射望远镜。这种望远镜兼具折射和反射两种望远镜的优点，不仅视野宽、光力强，而且像差小，可以看到很暗的天体，因此特别适合对流星、彗星、星云等天体进行观测。折反射望远镜又可以分为施密特式和马克苏托夫式，目前世界上最大的施密特式望远镜在德国图林根陶登堡的史瓦西天文台内，它的主镜口径达 2 米。

▼ 史瓦西天文台中的施密特望远镜

▼ 哈勃空间望远镜

哈勃望远镜是一个大型的天基望远镜。

位于地球的大气层之上。

口径2米。

◀ 伽利略望远镜

史瓦西天文台以德国天文学家卡尔·史瓦西的名字命名。

发展趋势

　　天文光学望远镜的发展经历了口径越来越大、镜筒越来越长的过程。由于地球大气层的存在，位于地面的天文望远镜总是会受到一定的影响，因此人们选择利用航天技术将望远镜送到外太空，如著名的哈勃空间望远镜。而留在地面的望远镜，在光学技术的支持下，口径越来越大。可以说，人类观测太空的"千里眼"变得越来越强大了。

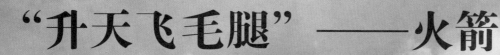

"升天飞毛腿"——火箭

虽然人们利用"千里眼"——望远镜,可以看到更远的宇宙空间,但是人类并没有因此而满足。他们还要迈出地球,进入太空,而火箭也就成了人们的好帮手。

火箭和飞机的差别

为什么飞机不能用来探索太空?飞机飞行靠的是机翼上、下两面产生的压力差,并且喷气发动机燃烧煤油也离不开空气中的氧气,所以飞机的工作离不开大气。另外,飞机发动机的推力也达不到摆脱地球引力所需的第二宇宙速度。而火箭发动机需要的燃烧剂和氧化剂都是由火箭自身携带的,所以火箭离开大气后依然可以飞行,同时火箭的巨大推力可以让火箭在很短的时间内进入太空。

整流罩

载荷为航天器、人员或货物。

三级火箭

二级火箭

一级火箭

助推器

▲ 火箭的发射

多级火箭

　　火箭所带的燃料始终是有限的，所以用单级火箭所能达到的高度终究是有限的。后来，人们想出了多级火箭的方法，从而解决了这个问题。所谓的"多级火箭"，其实就是在一个一级火箭上由多个三级的小火箭拼接而成。火箭升空以后，大火箭率先工作，达到一定的速度时燃料也就消耗完了，这时，一级火箭的壳体就会被抛掉，然后点燃下一级火箭。就这样一级一级地加速，并一级一级地将壳体抛掉，火箭也就越飞越高，最终达到预定的高度。

火箭为什么越飞越快

　　随着自身携带的燃料不断被消耗，火箭自身的重量也在逐渐减小。而且，随着火箭离地球越来越远，其受到的引力也越来越小，火箭的速度会越来越快。发射高轨道的航天器时，运载火箭通常都是三级以上的多级火箭，各级火箭依次点火并自动与主体火箭分离，通过逐级加速来提高火箭的飞行速度。

燃料燃烧后喷出的高温火焰

◀ 研制火箭的工程师们

27

火箭的发明历程

火箭的发展历史相当漫长，世界上公认最早的火箭是中国首先发明的。早期的火箭主要作为武器存在，与现代意义上的火箭有所不同。到了 20 世纪 50 年代，火箭已经在美、苏两个超级大国的手中正式成为人类探索太空的运载工具。

一位自学成才的科学家

1903 年，齐奥尔科夫斯基提出了火箭运动公式，指出火箭的飞行速度是由发动机的喷气速度和火箭的始末质量比所决定的。这为苏联航空事业日后蓬勃发展奠定了坚实的基础。这位从小耳聋甚至从未上过学堂的伟大人物，被公认为现代宇宙航行学的奠基人，被称为"航天之父"。

戈达德被誉为"现代火箭技术之父"。

▲ 戈达德和第一枚液体燃料火箭

弹头

▶ V-2导弹

尾翼

牵引车

世界上第一枚液体燃料火箭

美国火箭科学家罗伯特·戈达德自 1909 年起就开始对现代火箭进行研究。之后，他将一枚固体燃料火箭放在真空玻璃容器内点燃，证明火箭可以在真空环境下工作。1926 年 3 月，戈达德成功发射了第一枚液体燃料的火箭。这枚火箭以汽油和液氧作为推进剂，长约 3.04 米，发射时质量为 4.6 千克。虽然这次飞行只延续了约 2.5 秒，上升高度只有 12.5 米，但是它证实了液体推进剂是可行的。

V-2 导弹

1932 年，德国魏玛防卫军对火箭技术产生了浓厚的兴趣。当时年轻的火箭科学家冯·布劳恩领导发展了纳粹德国用于二战的长程武器。1944 年，德国成功发射了 V-2 导弹，对英国伦敦造成了巨大打击，在世界范围内引起了极大的恐慌。V-2 导弹成了纳粹德国的王牌武器，也成为战后各国火箭发展的蓝本。现代火箭由此诞生。

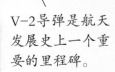

V-2导弹是航天发展史上一个重要的里程碑。

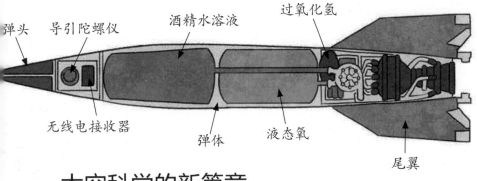

弹头　导引陀螺仪　酒精水溶液　过氧化氢　液态氧　尾翼　弹体　无线电接收器

太空科学的新篇章

二战之后，科学家们迫不及待地将本是武器的火箭利用起来，把科学仪器安装在火箭的头部，开始直接探测高空各方面的情况。1946 年，美国首次发射了一枚 V-2 火箭，这枚升空到数百千米高空的火箭被用来观测太阳紫外线，太空科学的新篇章由此开启。

V-2火箭发射

第一种航天器——人造地球卫星

随着科学技术的不断发展，人类探索太空的能力和手段越来越多。其中，人造地球卫星的出现具有里程碑的意义。

世界上第一颗人造卫星

1957 年 10 月 4 日，在位于今哈萨克斯坦的拜科努尔发射场，苏联用火箭将世界上第一颗人造地球卫星——"人造地球卫星 1 号"送入浩瀚的太空。自那时起，人类开始利用航天器对外层空间进行探索。"人造地球卫星 1 号"由铝合金制成，外形呈圆球形，上面装有两部无线电发射机，通过 4 根天线将无线电信号传回地面。1958 年初，电池耗尽且失去动力的"人造地球卫星 1 号"脱离了工作轨道，坠入大气层，完成了它的使命。

各国纷纷跟进

继苏联之后，美国、法国、日本、中国等国家也先后发射了人造地球卫星。1970 年 4 月 24 日，中国用自行研发的长征一号运载火箭，将"东方红一号"卫星送入太空。这是我国第一颗人造卫星，它是一个近似球形的多面体，直径大约 1 米。

▼ "人造地球卫星1号"

天线

人造卫星的分类

"东方红一号"

日本"大隅号"

人造卫星是发射数量最多的一种航天器，在科学、军事和国民经济各个领域都有着极为广泛的应用。人造卫星有很多种类，按照用途可以分为科学卫星、技术试验卫星和应用卫星。科学卫星又包括空间物理探测卫星和天文卫星等，应用卫星则包括气象卫星、通信卫星、侦察卫星、导航卫星、地球资源卫星等。如果按照轨道的高低、旋转方向等来看，人造卫星还可以分为低轨道卫星、中高轨道卫星、地球同步轨道卫星、地球静止轨道卫星、太阳同步轨道卫星、大椭圆轨道卫星以及极地轨道卫星等。

"探险者1号"是美国科学卫星系列的第一颗卫星。

阿斯特里克斯卫星是法国第一颗人造卫星。

围绕地球轨道飞行的卫星

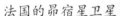

法国的昴宿星卫星

侦察卫星

地球同步轨道卫星

地球同步轨道卫星是指在地球赤道上空约 36000 千米处围绕地球运行的人造卫星。它的轨道呈圆形，绕地球运转的周期与地球自转同步，因此卫星和地球之间是处于相对静止的状态。在地面上看，这种卫星是固定不动的，有利于地面接收站的工作。通信卫星一般是地球同步轨道卫星。

"站得高看得远"
——人造地球卫星的用途

人造卫星是人类发射数量最多、发展最快的航天器，这与其用途广泛是分不开的。人造卫星是人类送上太空的眼睛，可以帮助人们完成许多工作。

人造卫星发射数量约占航天器发射总数的90%以上。

▲ 绕地球运行的卫星

观测之用

因为身处在地球的大气层之外，天文卫星不会受到大气层的干扰和影响，用它来对遥远的天体进行观测，要比地面上观测到的清晰得多。气象卫星可以用来观察大气、云团的分布和运动规律等，并可以进行天气预测。地球表面约七成的面积都是海洋，因此人们用海洋卫星对海洋中的岛屿、鱼群、潮汐等信息进行观察，有很大的意义。资源卫星可以对陆地上的森林、农田、沙漠、河流等进行观察，可以探测和研究地球资源。

通信之用

与地面通信相比，利用卫星进行通信具有很多优点，比如通信容量大、通信距离远、覆盖面积广、灵活性好、可靠性高以及通信成本低等。现在的卫星通信技术已经非常成熟，电视、电话、电报、语音广播、图文传真和视频会议等都应用了通信卫星。此外，卫星通信技术还具有浓厚的军事色彩，在战略通信和战术通信中的应用也十分广泛。

▲ 资源卫星

▲ 通信卫星

海上导航

导航之用

导航卫星会发射具有稳定频率的无线电波，无论是海上的船只、水下的潜艇，还是陆地上的运动物体，都能通过接收这个电波的信号来确定自己的位置。将卫星应用在导航领域是导航技术史上的一次重大突破，卫星导航可以覆盖整个地球，为人们提供全天候、全天时的导航，而且其导航精度很高。

实验之用

人造卫星所处的太空环境比较特殊——微重力、强辐射和高真空，这与地球表面的环境完全不同。因此，科学家们利用这种差异，在人造卫星上进行材料加工、生物育种等科学实验，如生产能治疗很多疑难病症的超纯蛋白等昂贵药物，冶炼不同比重金属、非金属混合的新型合金等。

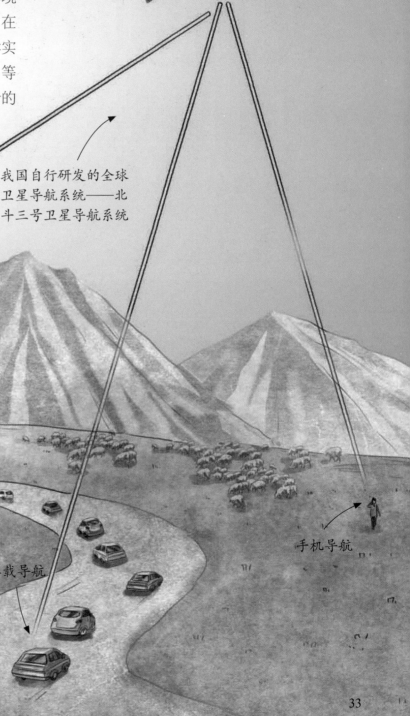

导航卫星可以对地面、海洋、空中和空间进行导航定位。

卫星导航一般由多颗导航卫星构成空间导航网。

▲ 导航卫星

我国自行研发的全球卫星导航系统——北斗三号卫星导航系统

车载导航

手机导航

启动载人航天计划——宇宙飞船

人类在将人造卫星送入太空后，又将目光转向了载人航天活动，也就是将宇航员送入太空。为了实现这一目标，必须满足3个条件：首先，要有足够强大的运载工具；其次，要拥有可以仿照地面生存环境的、可以搭载宇航员的航天器；最后，需要弄清高空环境和飞行环境对人体会有哪些影响，并找到避免这些影响的方法。

▲ 飞船内部

▶ 载人运载火箭

▶ "天宫二号"

它是中国第一个真正意义上的太空实验室。

为什么要送人"上天"

随着无人航天技术的成熟，世界大国都开始思索载人航天的可能性。载人航天不仅仅代表着大国的威望，还能够开展地面无法进行的复杂先进的科研活动，带动相应领域科学技术的进步与创新。在载人航天的初期，载人航天器一方面在研究航天技术，另一方面也是在进行生物和医学试验，如研究宇航员在长期失重条件下的反应等。

宇宙飞船的出现

人类发明的这种可以仿照地面生存环境的、可以乘坐宇航员的航天器，叫作"宇宙飞船"。它可以将宇航员和货物运送到太空，并安全返回，不过大多只能使用一次。宇宙飞船能基本保证宇航员在太空短期生活，并开展既定的科研工作。宇宙飞船的运行时间一般是几天到半个月，里面一般可以乘坐两到三名宇航员。迄今为止，人类已先后研制出3种构型的宇宙飞船，即单舱型、双舱型和三舱型。

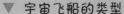

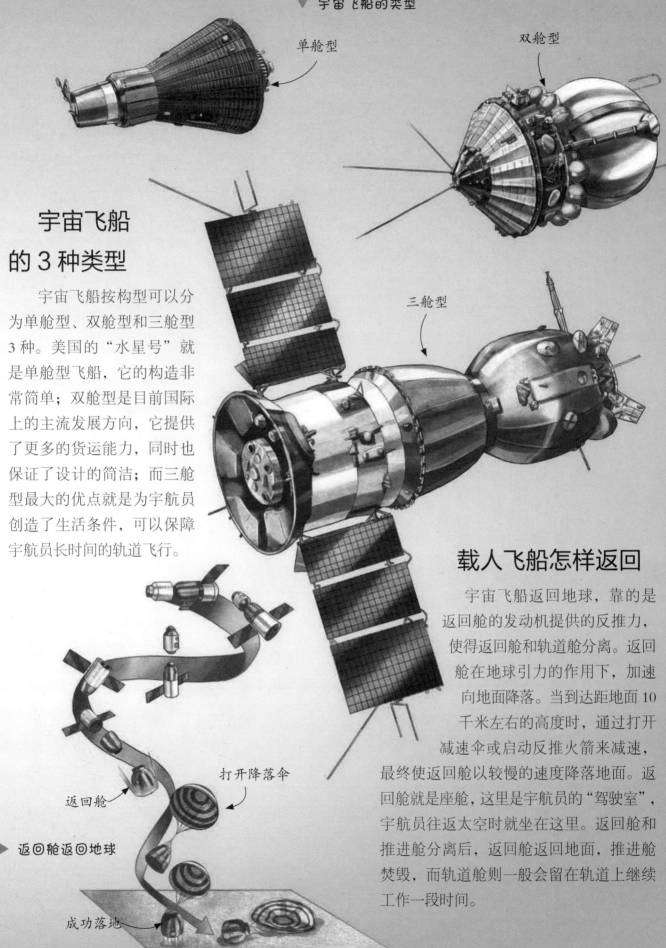

▼ 宇宙飞船的类型

单舱型

双舱型

三舱型

宇宙飞船的3种类型

宇宙飞船按构型可以分为单舱型、双舱型和三舱型3种。美国的"水星号"就是单舱型飞船，它的构造非常简单；双舱型是目前国际上的主流发展方向，它提供了更多的货运能力，同时也保证了设计的简洁；而三舱型最大的优点就是为宇航员创造了生活条件，可以保障宇航员长时间的轨道飞行。

打开降落伞

返回舱

▶ 返回舱返回地球

成功落地

载人飞船怎样返回

宇宙飞船返回地球，靠的是返回舱的发动机提供的反推力，使得返回舱和轨道舱分离。返回舱在地球引力的作用下，加速向地面降落。当到达距地面10千米左右的高度时，通过打开减速伞或启动反推火箭来减速，最终使返回舱以较慢的速度降落地面。返回舱就是座舱，这里是宇航员的"驾驶室"，宇航员往返太空时就坐在这里。返回舱和推进舱分离后，返回舱返回地面，推进舱焚毁，而轨道舱则一般会留在轨道上继续工作一段时间。

"东方1号"宇宙飞船

苏联发射的"东方1号"宇宙飞船是世界上第一艘载人宇宙飞船，乘坐这艘飞船的宇航员尤里·加加林因此成为人类进入太空的第一人。

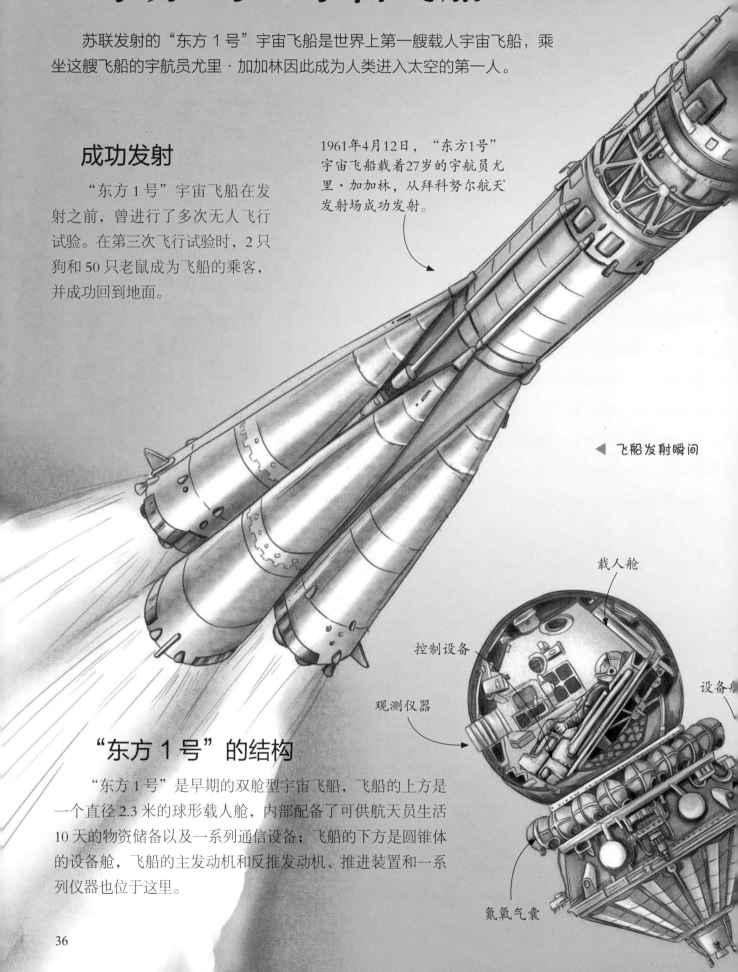

成功发射

"东方1号"宇宙飞船在发射之前，曾进行了多次无人飞行试验。在第三次飞行试验时，2只狗和50只老鼠成为飞船的乘客，并成功回到地面。

1961年4月12日，"东方1号"宇宙飞船载着27岁的宇航员尤里·加加林，从拜科努尔航天发射场成功发射。

◀ 飞船发射瞬间

载人舱

控制设备

观测仪器

设备舱

氮氧气囊

"东方1号"的结构

"东方1号"是早期的双舱型宇宙飞船，飞船的上方是一个直径2.3米的球形载人舱，内部配备了可供航天员生活10天的物资储备以及一系列通信设备；飞船的下方是圆锥体的设备舱，飞船的主发动机和反推发动机、推进装置和一系列仪器也位于这里。

"东方1号"绕地球
轨道运行了一周。

飞行过程中

在飞行过程中，自动系统负责对飞船进行控制，并不需要宇航员加加林手动操控飞船。"东方1号"的飞行轨道无法改变，只能调整姿势。飞船发射1小时后，自动系统调整飞船的姿势，准备点火返回地球。

成功返回

启动点火返回程序时，飞船正在非洲西岸国家安哥拉附近的上空飞行，离预计的着陆点差不多有8000千米。在飞船下降到离地面约7千米的地方，宇航员和座椅一起弹出载人舱，并打开降落伞继续下降。在距地面4千米时，宇航员脱离座椅，只身乘降落伞落到地面。上午10时55分，宇航员加加林安全降落在萨拉托夫州的斯梅洛夫卡村地区，世界上首次载人宇宙飞行圆满完成，人类进入太空的愿望终于实现。

返回舱

▶ 宇航员返回地球

加加林是第一个进入外太空的人，也是第一个进入地球轨道的人。

在太空中漫步——太空行走

"太空行走"实际上是宇航员从载人航天器出来，进入开放的太空中进行各种活动的通俗说法。在轨道上，宇航员需要释放卫星、进行科学实验、安装大型设备以及对航天器进行检查和维修等，这些任务都离不开太空行走。

世界上首次太空行走

1965年3月18日，"上升2号"宇宙飞船在苏联的拜科努尔航天发射场发射升空，飞船里的两位宇航员是帕维尔·别列亚耶夫和阿列克谢·列昂诺夫。他们这次飞行任务的核心目标就是测试太空行走。进入轨道以后，列昂诺夫穿上白色舱外宇航服走出舱门。他在舱外总共只停留了24分钟左右，其中自由"漂浮"12分钟。在这短暂的时间里，意外频出。比如他的宇航服开始膨胀，导致他无法钻进舱门。他不得不打开阀门，放出宇航服中的一部分空气，才勉强回到飞船里。

▶ 别列亚耶夫和列昂诺夫

人类历史上第一次舱外活动。

宇航员如何"行走"

宇航员进行太空行走主要有两种方式：脐带式和自由式。脐带式太空行走是指宇航员在出舱活动时，通过一根"脐带"与航天器相连。氧气、压力、电源和通信等通过脐带从航天器传递过来。为了避免缠绕在一起，"脐带"的长度一般在5米以内。因此，采用脐带式进行太空行走的宇航员只能在航天器附近活动，通常都是用手抓住航天器外面的扶手进行移动。

▶ 宇航员出舱活动

自由式太空行走的关键是宇航员背负的舱外载人机动装置，它就像一个背包，包括压缩氮气箱、喷气推力器、供气系统、温度控制装置以及蓄电池等部分。这个装置以高压氮气作为飞行动力，使宇航员的活动空间可以拓展到距离航天器 100 米远的地方，还可以通过控制高压氮气从不同位置的喷管喷出，从而调整飞行的姿态和速度。

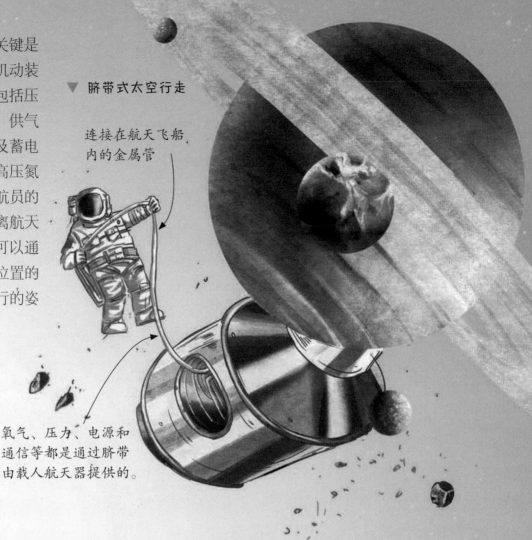

▼ 脐带式太空行走

连接在航天飞船内的金属管

氧气、压力、电源和通信等都是通过脐带由载人航天器提供的。

太空行走的关键——宇航服

　　如果没有宇航服，暴露在太空中的宇航员会缺氧，用不了 15 秒钟就会丧失意识，30 秒左右就会死亡；此外，没有大气压力，人的血液和体液会"沸腾"，就像开水一样，同时皮肤、器官和组织还会剧烈向外鼓胀。在阳光下，太空的温度会高达 120℃，如果是背阴处，温度又会低到零下 100℃，都是人体承受不了的。此外，太空中的宇宙辐射十分强烈，会导致人患上放射病。总之，没有宇航服的话，人在太空中一分钟都无法存活。

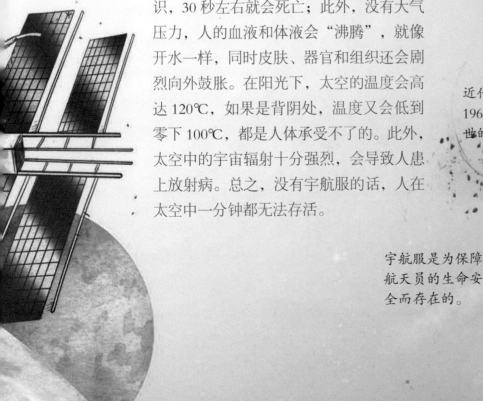

▼ 宇航服抵挡来自太空的危险

头盔

近代的航天服是1961年在美国问世的。

宇航服是为保障航天员的生命安全而存在的。

飞向月球——"阿波罗计划"

"阿波罗计划"又称"阿波罗工程"，是美国为了实现载人登月飞行和人对月球的实地考察而实施的一系列载人登月飞行任务。可以说，阿波罗计划是有史以来规模最大、耗时最长、资源投入最多的科研项目。

"土星五号"运载火箭

为了实现将宇航员送上月球的愿望，美国国家航空航天局专门研制了一种超重型运载火箭——"土星五号"。自"阿波罗 4 号"到"阿波罗 17 号"，这些运载任务基本上是由"土星五号"承担的。

▶ "土星五号"运载火箭发射

"土星五号"为三级火箭。

高110.6米，起飞质量为3038.5吨。

"阿波罗"飞船的组成

　　"阿波罗"飞船共有3个部分，分别是指令舱、服务舱和登月舱。在这次任务的大部分时间里，圆锥形的指令舱和圆筒形的服务舱是连接在一起的，合称为"指令/服务舱"。在实际登月的时候，只有登月舱会降落到月球表面，而指令/服务舱会作为母船，在月球轨道上绕飞。

登月舱（上升级）

登月舱（下降级）

服务舱

指令舱

▲ "阿波罗"飞船

"阿波罗计划"的实施过程

　　1968 年 12 月，"阿波罗 8 号"完成了环月飞行，测试了指令舱系统的性能。1969 年 3 月发射的"阿波罗 9 号"携带了全部登月装备，还测试了登月舱的性能。5 月，"阿波罗 10 号"首次将登月舱下降到离月球表面 15 千米以内。1969 年 7 月，"阿波罗 11 号"将两名宇航员送到了月球上，完成了登月壮举。此后，一直到 1972 年 12 月，美国相继发射了"阿波罗 12 号"至"阿波罗 17 号"飞船，除"阿波罗 13 号"出现故障外，其余都获得了成功。

月球表面的月壤厚度有10~15米。

"阿波罗计划"的重大发现

　　"阿波罗计划"的圆满成功，让人们对月球有了更深入的了解。宇航员们在月面上安装了激光反射器，使人类得以精确地测量出地月之间的距离。他们还在月面上安装了月震仪，为研究月球内部的结构提供了依据。之前人们一直以为月球的表面有疏松的月壤，后来才发现，其实月壤只有很薄的一层。这些发现都是通过亲临月面才能取得的重大发现。

▼ 月壤

钻取月壤

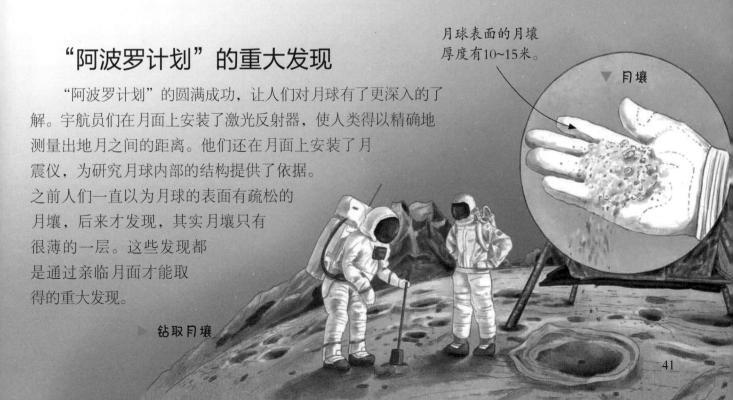

"阿波罗11号"成功登月

1969年7月16日，搭载着3位宇航员的"阿波罗11号"宇宙飞船成功发射，飞向月球，并在4天后成功在月球表面着陆。阿姆斯特朗和奥尔德林两位宇航员成为首次踏上月球的人类，迈出了"人类的一大步"，堪称20世纪人类探索宇宙事业中最为壮丽的一幕。

飞向月球

美国东部时间1969年7月16日9时32分，"土星五号"运载火箭搭载着"阿波罗11号"飞船发射升空，之后飞往月球，进入月球轨道，开始围绕月球飞行。在环绕月球飞行的过程中，飞船中的3名宇航员看到了计划中的登月着陆点。围绕月球飞行了13周后，宇航员尼尔·阿姆斯特朗和巴兹·奥尔德林进入登月舱，驾驶登月舱与母船分离。经过动力下降后，登月舱"鹰号"终于带着两名宇航员成功着陆在月球正面的静海基地，这里距离地球有38万千米之遥。

"土星五号"火箭发射

"土星五号"在肯尼迪航天中心发射。

阿姆斯特朗

▶ 人类登月，并首次在月球上行走

阿姆斯特朗是第一个踏上月球的宇航员。

阿姆斯特朗曾是美国海军轰炸机驾驶员。

"人类的一大步"

着陆 6 个半小时之后，尼尔·阿姆斯特朗走出登月舱，走下梯子。4 分钟后。月球的表面第一次出现了人类的脚印。尼尔·阿姆斯特朗说道："这是个人的一小步，却是人类的一大步。"这句话后来成为广为流传的名言。随后两名登月的宇航员紧张地开展工作，他们展开太阳电池阵，安设激光反射器和月震仪，采集月球岩石和土壤样品等等。

返回地球

两位宇航员完成任务后，先后回到登月舱。经过一段时间的休整，登月舱点火起飞，离开月球表面，进入环绕月球轨道，与母船会合对接，随即将登月舱抛弃，点燃服务舱主发动机，让飞船加速，进入月地过渡轨道。在接近地球时，飞船将服务舱抛弃，这时的"阿波罗 11 号"飞船只剩下指挥舱。进入低空时，指挥舱弹出 3 个降落伞，进一步减速，最终降落在太平洋夏威夷西南海域。

返回舱会依次打开3个降落伞进行减速。

▲ 返回舱返回地球

登月舱

月球上没有大气层，因此没有风霜雨雪，脚印可以留存很久。

月球车

月球上第一枚人类脚印

43

长期的太空实验室——空间站

　　人们很早就有在宇宙空间建立永久性居住地的梦想，希望在那里长期生活和工作，并将其作为前往其他星球的中转站。随着技术的不断发展，在太空中建立空间站也逐渐成为现实。

什么是空间站

　　空间站又称"太空站""航天站"或"轨道站"，它是载人航天器的一种，可以长时间运行在近地轨道上，供宇航员巡访、长期工作和生活。空间站按照结构的不同，可以分为2种：单模块空间站、多模块组合空间站。单模块空间站由火箭、航天飞机等航天运载器一次性发射入轨；多模块组合空间站则可以分批将组件送入轨道，然后在太空中组装到一起。

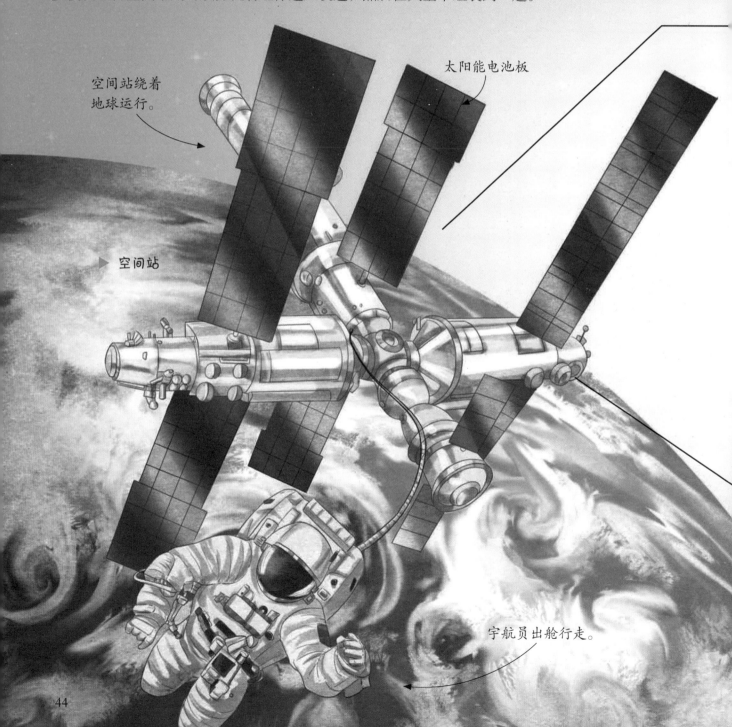

空间站绕着地球运行。

太阳能电池板

空间站

宇航员出舱行走。

空间站的结构

空间站的主体结构是一个载人生活舱，然后再加上其他各有用途的舱段，如科学仪器舱、工作实验舱等。空间站的外部通常都装有太阳能电池板和对接舱口，用来保障站内电能的供应、实现与其他航天器的对接。

生活舱

空间站里的各种
精密仪器

空间站的优点

在运行的过程中，空间站既可以载人，也可以不载人。只要宇航员将各种设备启动并调试好，空间站就可以照常进行工作，并在预定的时间对其进行检查，以获得预定的工作成果。这样的好处是大大缩短了宇航员在太空中停留的时间，从而减少很多消耗。空间站的优点简单来说就是体积大，功能强，寿命长，适合开展长期的载人航天科研活动。

在空间站上，宇航员可以长期从事各种科研活动。

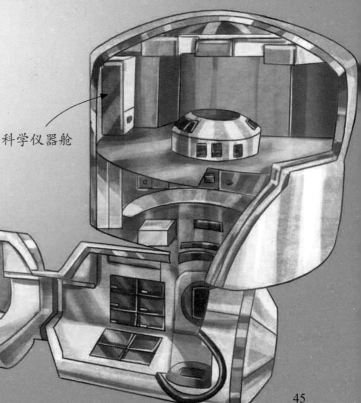

科学仪器舱

工作实验舱

人类第一个空间站——"礼炮1号"

1971年4月19日，苏联成功发射了人类历史上第一座空间站——"礼炮1号"。从此，人类开启了一个探索和开发太空的新时代。

"礼炮1号"的先行一步

1971年4月19日，在苏联的拜科努尔航天发射场，"礼炮1号"发射升空，成功进入预定轨道。这个空间站由轨道舱、服务舱和对接舱3个部分组成，实际上它是一个巨大的太空实验室，能够同时进行多种科学实验。

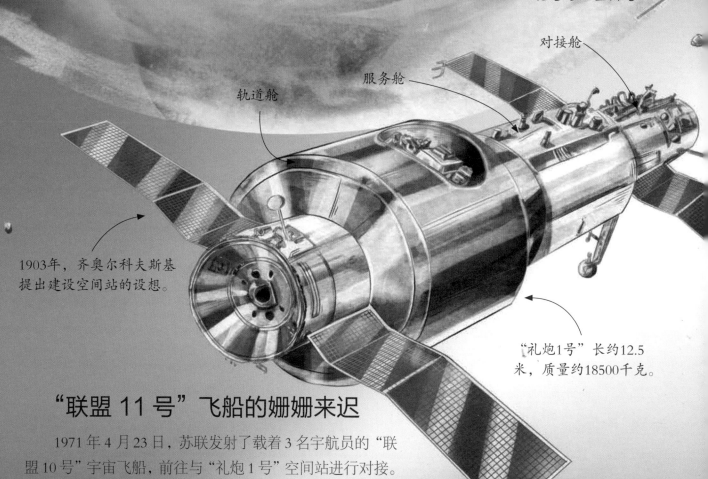

▼ "礼炮1号"空间站

对接舱

服务舱

轨道舱

1903年，齐奥尔科夫斯基提出建设空间站的设想。

"礼炮1号"长约12.5米，质量约18500千克。

"联盟11号"飞船的姗姗来迟

1971年4月23日，苏联发射了载着3名宇航员的"联盟10号"宇宙飞船，前往与"礼炮1号"空间站进行对接。虽然对接成功，但是接口出现的故障导致3名宇航员无法进入"礼炮1号"，只得选择与"礼炮1号"分离，搭乘返回舱回到了地面。1971年6月6日，苏联又发射了"联盟11号"飞船。这次没有出现故障，宇宙飞船与空间站顺利对接，3名宇航员进入空间站，并在那里停留了23天，完成了大量复杂的研究任务和综合科技实验。

惨烈收场

"联盟11号"

1971年6月30日，"联盟11号"宇宙飞船脱离"礼炮1号"轨道空间站，开始返回地球。但在这一过程中，阀门故障导致飞船返回舱压力阀门提前打开，失压导致3名宇航员全部牺牲。

▶ "联盟11号"事故中丧生的3名宇航员

"联盟10号"

3名航天员进行了多项实验。

"礼炮1号"的功绩

1971年10月11日，"礼炮1号"轨道空间站按照地面的指令开始执行变轨操作。在进入稠密大气层后，它在南太平洋的上空坠毁，完成了它的历史使命。"礼炮1号"空间站与"联盟11号"飞船的成功对接以及3名宇航员进入空间站并工作23天，这些标志着人类载人航天探索已经从飞行时间较短、规模较小的载人飞船阶段，迈向了运行时间较长、规模较大的空间应用探索试验阶段。

▼ "礼炮1号"空间站坠毁

走近地外天体的利器
——宇宙探测器

空间探测器又称"宇宙探测器"或"深空探测器"，是一种对其他天体和空间进行探测的无人航天器。空间探测器上装载着各种科学探测仪器，既可以进行近距离观测，也可以着陆进行实地考察。人类发射的宇宙探测器已经遍访了太阳系的各大行星，同时正在向太阳系外、更遥远的星球探索。

空间探测器的特点

没有氧气、极端温度和强辐射的太空环境并不适合人类生存。月球以外更远的地方对于人类来说过于遥远，因此被送入太空的探测器就可以代替人类去对太阳系的秘密进行探索。空间探测器需要在太空进行长期飞行，地面无法进行实时遥控，因此空间探测器必须具备自主导航能力。同时，空间探测器如果需要向远离太阳的空间飞行，无法使用太阳能电池阵获得电能，就必须采用核能源系统供电。

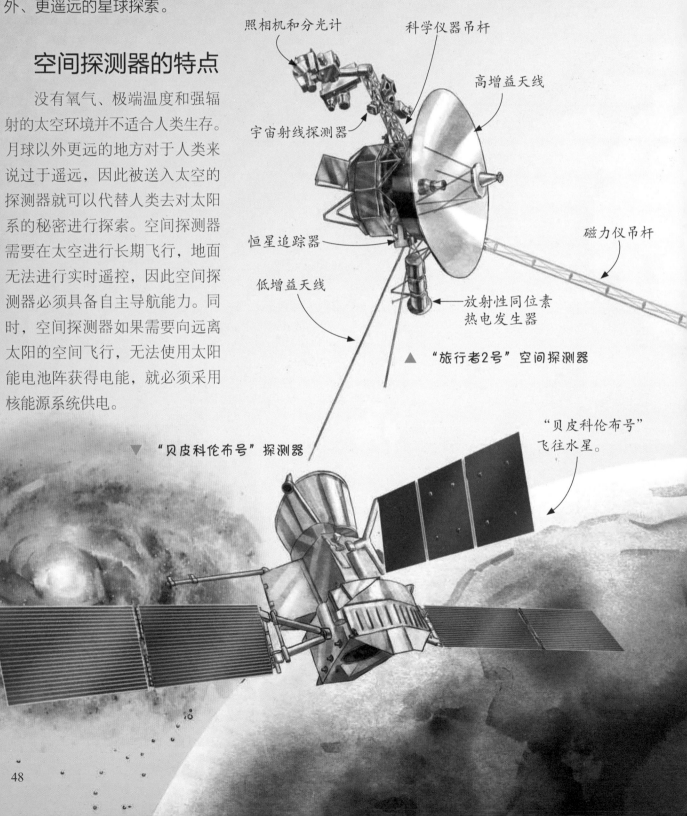

照相机和分光计

科学仪器吊杆

高增益天线

宇宙射线探测器

磁力仪吊杆

恒星追踪器

低增益天线

放射性同位素
热电发生器

▲ "旅行者2号"空间探测器

▼ "贝皮科伦布号"探测器

"贝皮科伦布号"
飞往水星。

先从探月开始

月球是人类探访深空的第一个目标。月球探测器发射升空后，先后进入地月转移轨道和月球轨道，最后抵达月球。从 1959 年开始，美、苏两个航天大国先后向月球发射了多个探测器，如苏联的"月球 3 号"和美国的"徘徊者号"等。

飞往行星的捷径：霍曼轨道

地球与各大行星的距离都十分遥远，而火箭的燃料又是有限的，所以我们需要尽可能节约燃料，找到一条飞往行星的捷径。1925 年，德国科学家霍曼提出：飞向行星的最佳轨道是与地球公转轨道和目标公转星轨道相切的椭圆轨道。这条最佳轨道被称为"霍曼轨道"，它利用了地球和目标星的公转运动，使探测器在初始阶段仅需火箭达到必要的速度，之后火箭大部分时间都可以依靠惯性飞行，从而大大节省了燃料，只是飞行的时间会比较长。

霍曼轨道是最省能量的过渡轨道，但飞行时间和飞行路线较长。

▲ 霍曼轨道

▲ "徘徊者号"探测器

▶ "月球3号"探测器

"月球3号"是世界上第一个拍到月球背面照片的航天器。

"月球3号"后来成为一颗地球卫星。

49

遍访各大行星

在过去的很长一段时间里，人们只能通过天文望远镜来观测和研究天体。后来有了空间探测器，我们终于可以去"拜访"地球的"邻居们"，并掌握各大行星的真实资料了！

拜访水星

对水星的探测极其艰难，因为作为距离太阳最近的行星，水星的引力极小，令航空器很难在其轨道上进行环绕运动。1973 年，美国发射的"水手 10 号"探测器仅能从水星附近飞掠过去。2004 年，美国发射"信使号"水星探测。在完成了所有探测工作后，"信使号"于 2015 年撞向水星，结束了自己的使命。

人类的第一个金星探测器

"金星1号"探测器

天线

拜访金星

在人类刚开始进行空间探测的时候，第一个探测的行星就是金星。最早的金星探测器是苏联于 1961 年发射的"金星 1 号"，但这个探测器在飞往金星的过程中就与地面失去联系了。1962 年，美国发射了"水手 2 号"探测器，成功接近并掠过了金星，同时探测到金星没有磁场。后来各国都先后发射了许多探测器，对金星的大气层、气象和表面进行了全面的探测。

"水手2号"成功飞越金星。

全向天线

高增益天线

▲ "水手2号"探测器

拜访火星

　　实际上，人类向火星发射空间探测器的时间要早于金星，但是这两枚由苏联于 1960 年发射的探测器连地球的轨道都没到达。直到 1965 年，美国的"水手 4 号"才首次成功飞越火星，并传回了第一张火星表面的照片。随着科技的发展，人类发射的探测器早已能登陆火星，如"机遇号""好奇号"等。正是这些探测器让我们知道火星的表面如同沙漠一般，并且曾经可能存在过液态水。

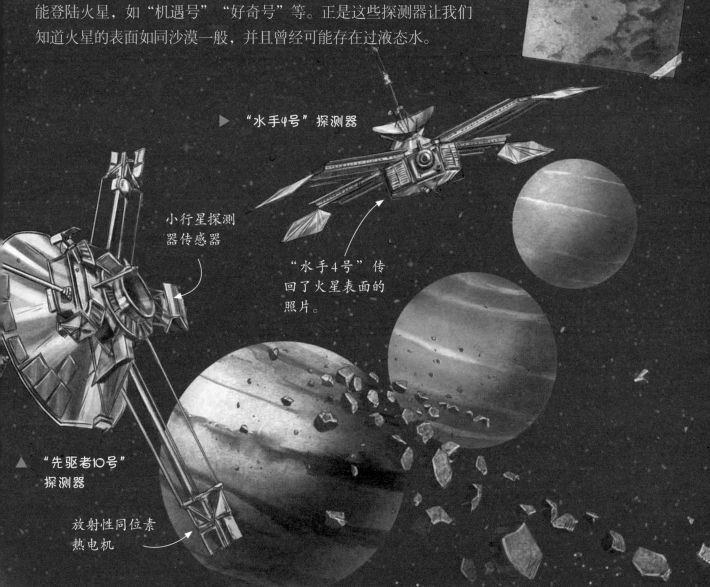

▶ "水手4号"探测器

小行星探测器传感器

"水手4号"传回了火星表面的照片。

▲ "先驱者10号"探测器

放射性同位素热电机

拜访外行星

　　人类也没有停止对其他行星的探索工作，太阳系其他行星的探测难度不亚于水星，甚至更高，但这难不倒聪明的人类。1972 年，"先驱者 10 号"探测器成功穿过小行星带，首次近距离观测木星。到了 1977 年，美国国家航空航天局发射的"旅行者 2 号"不仅到访了木星和土星，还近距离观察了天王星和海王星。

飞出太阳系

20世纪70年代，美国国家航空航天局先后向太空中发射了4个空间探测器。这些探测器没有固定的目的地，只会不断前进，飞出太阳系，进入更广阔的星际空间。直到燃料耗尽，它们才会停下来，结束自己的使命。

▶ "先驱者10号"探测器

"先驱者10号"搭载"擎天神-半人马"火箭升空。

"先驱者10号"成为第一个探测到行星际氦原子的探测器。

在升空之前，"先驱者10号"的质量为258千克。

"先驱者10号"

最早出发的是1972年发射的"先驱者10号"，它在1983年越过海王星轨道，随着惯性开始驶向太阳系外距离地球65光年的毕宿五恒星，预计用200万年到达那里。尽管燃料充足，但由于设备不断恶化，"先驱者10号"渐渐无法向地球传递讯息。天文学家最后一次收到它的信号是在2003年，自那之后，我们就再也不知道"先驱者10号"的情况了。

"先驱者11号"

时隔一年，美国国家航空航天局发射了"先驱者11号"以探测土星及其光环。当"先驱者11号"到达木星时，它便借助木星的引力改变轨道飞往土星。探测完土星后，它就顺着土星轨道飞离太阳系，并朝着银河系的银心方向移动。如果不出意外，它会在400万年后到达天鹰座。但在1995年时，"先驱者11号"因能源不足而无法进行任何实验，最终停止传送数据。

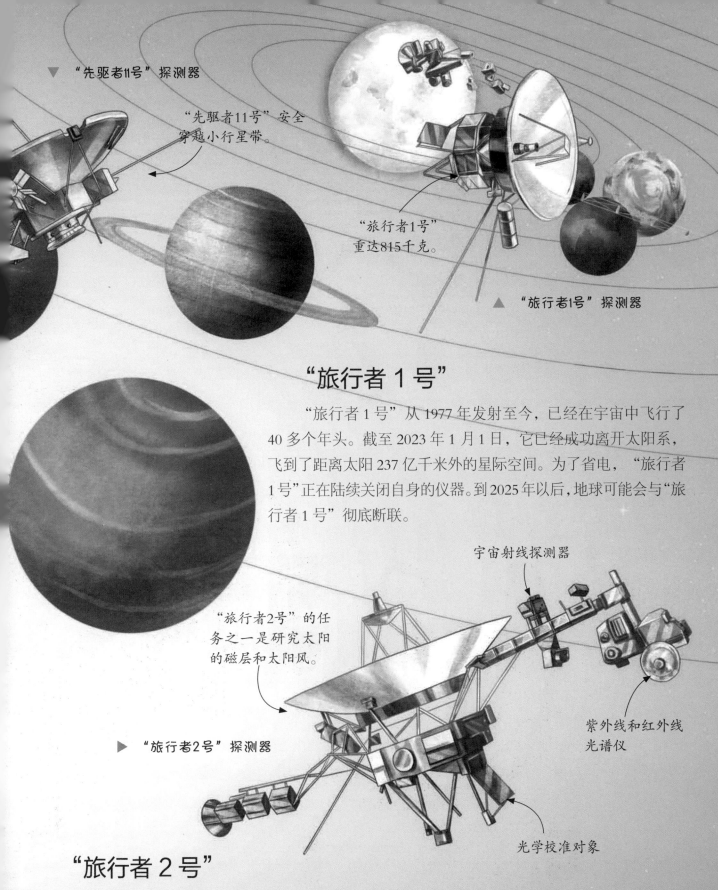

▼ "先驱者11号"探测器

"先驱者11号"安全穿越小行星带。

"旅行者1号"重达815千克。

▲ "旅行者1号"探测器

"旅行者1号"

　　"旅行者1号"从1977年发射至今，已经在宇宙中飞行了40多个年头。截至2023年1月1日，它已经成功离开太阳系，飞到了距离太阳237亿千米外的星际空间。为了省电，"旅行者1号"正在陆续关闭自身的仪器。到2025年以后，地球可能会与"旅行者1号"彻底断联。

宇宙射线探测器

"旅行者2号"的任务之一是研究太阳的磁层和太阳风。

紫外线和红外线光谱仪

▶ "旅行者2号"探测器

光学校准对象

"旅行者2号"

　　"旅行者2号"与"旅行者1号"在同一年发射，但"旅行者2号"的飞行速度较慢。在探测完土星后，它借助引力弹弓快速飞向天王星和海王星，成了第一个拜访这两个行星的探测器。截至2018年，"旅行者2号"已经跟随"旅行者1号"的步伐进入星际空间。它们都携带着地球上各种声音的唱盘、刻录各种几何图案的镀金铜片，以便让宇宙中其他智慧生命知道地球的存在。

航天飞机的发明

　　航天飞机是一种有人驾驶的太空航天器，它最大的优点就是可以反复使用。1981 年 4 月 12 日，人类历史上第一架航天飞机"哥伦比亚号"成功起飞并完成任务，安全返回地面。从此，人类在探索宇宙和开发太空领域方面又多了一种工具。

发明航天飞机的初衷

　　要将人造卫星、宇宙飞船等航天器送入太空，都需要使用火箭作为运载工具。然而，在将航天器送到预定轨道的过程中，火箭会被一级一级地抛掉，也就是说火箭都是一次性的。因此，从节省资源的角度出发，航天工程师们开始构思一种新的载人航天器，这种航天器要能够重复利用，可以搭载更多的乘客或货物，还能像飞机一样着陆。这就是设计航天飞机的初衷。

"哥伦比亚号"首次飞行绕着地球飞了36圈。

发射塔架

▼ 约翰·杨和罗伯特·克里彭

54

第一架航天飞机——"哥伦比亚号"

1981 年 4 月 12 日，宇航员约翰·杨和罗伯特·克里彭驾驶着"哥伦比亚号"航天飞机升空了。这是美国航天飞行计划上的首次飞行测试。"哥伦比亚号"看起来像一架大型的三角翼飞机，它的机舱长 18 米，整个组合装置的重量大概有 2000 吨。"哥伦比亚号"在这次绕地球飞行中飞了 36 圈，总共飞行了 54 个小时。美国宇航局将其称为"历史上最大胆的试飞"。

▼ "哥伦比亚号"航天飞机发射

"哥伦比亚号"机舱长18米，能装运约30吨重的货物。

航天飞机是可以重复使用的。

固体燃料助推火箭。

▲ 航天飞机降落

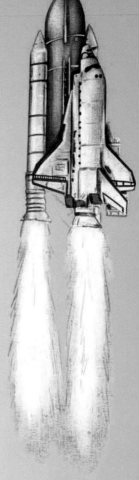

▲ 航天飞机升空

航天飞机的起飞和降落

航天飞机虽然名字里有"飞机"，实际上并不能像飞机那样在跑道上起飞。这是因为航天飞机进入太空靠的是大型运载火箭的巨大推力，所以也就和大型运载火箭一样，是垂直发射的。而在完成任务返回地面时，航天飞机受到空气阻力减速后，高速进入大气层，随后就和飞机着陆差不多了，它可以借助它的"翅膀"滑翔上万千米，最终平稳地降落在预定地点。

航天飞机的谢幕

在人类航天史上，航天飞机的发明具有标志性意义，同时也颇具争议。随着使用过程的展开，人们逐渐发现航天飞机的一些弊端，如实际发射费用较高，安全性上也不如火箭飞船的组合牢靠。2011年7月，美国的"亚特兰蒂斯号"航天飞机任务完成，成为航天飞机的绝唱，此后航天飞机全部退役，航天飞机的时代宣布终结。

航天飞机的用途

航天飞机的用途多种多样。比如，它可以将卫星送入预定的地球轨道，或者将需要回收的卫星从轨道上取下来带回地面进行处理。航天飞机还可以为空间站运送物资、为航天器添加推进剂等。在轨道上，它还可以对其他航天器进行检查、维修，延长其使用寿命，甚至还可以"攻击"敌人的军用卫星，如进行拦截、破坏或摘除等。总之，航天飞机是供人类自由进出太空的一种出色的运载工具。

机械臂

▼ 航天飞机与空间站的对接

空间站

航天飞机

航天飞机的飞行史

全世界仅有美国拥有可以实际使用并执行任务的航天飞机。自试飞第一架航天飞机以来，美国共制造了 6 架航天飞机，其中发射了 35 架，它们分别是"哥伦比亚号""挑战者号""发现号""亚特兰蒂斯号"以及在"挑战者号"失事后补充建造的"奋进号"。这些航天飞机总共执行了 135 次飞行任务。

▲"哥伦比亚号"　▲"挑战者号"　▲"发现号"　▲"亚特兰蒂斯号"　▲"奋进号"

航天飞机的弊端

航天飞机具有无可比拟的优势，同时也存在不可回避的缺陷：它的结构复杂，由 3500 多个分系统和 250 多万个部件组成；费用昂贵，每架次就高达十几亿美元。此外，航天飞机没有逃逸系统，其可靠性和安全性远不如相对简单的宇宙飞船。过去 40 多年的实践表明：航天飞机既不安全也不省钱，唯一可称为优点的是可重复利用以及运载能力强大。

航天飞机的谢幕

由于以上的种种弊端，美国开始反思航天飞机工程的合理性，并最终决定中止航天飞机工程。2011 年 7 月 8 日，"亚特兰蒂斯号"航天飞机起飞前往国际空间站，为生活在那里的宇航员们送去补给，这次飞行也是航天飞机的谢幕飞行。尽管航天飞机的时代已经终结了，但是人类探索太空的脚步不会停止。人类终将迈出地球，航天飞机带来的经验和教训都将是人类航天探索的宝贵财富。

▶ 国际空间站

国际空间站长约110米，宽约88米，重达400多吨，有十几个舱段。

国际空间站的组建花费了十几年的时间，每次都是将组件送上太空进行组装的。

最大的在轨航天器——国际空间站

1998年11月20日，俄罗斯"质子号"火箭发射升空，它携带着"曙光号"功能货舱飞往高度400千米的近地轨道。这标志着人类历史上第九个空间站的诞生，也是迄今为止最大、最昂贵的航天器——国际空间站。

项目由来

国际空间站设想的前身是美国宇航局的"自由号"空间站计划。美国和俄罗斯签订协议，在各自现有航天站基础上，建立一个包括欧洲航天局、日本和加拿大的空间站，这就是"国际航天站"。这一项目最早的发起国有16个，分别是美国、俄罗斯、加拿大、日本、巴西以及11个欧洲航天局成员国。

建造过程

按照计划，国际空间站将分3个阶段实施。第一阶段是准备阶段，美国航天飞机与俄罗斯"和平号"空间站多次对接，美国宇航员来到"和平号"空间站进行生活和工作能力的训练；第二阶段，是初期装配阶段，能使三名宇航员可以在里面长期生活；第三阶段是最后装配应用阶段。

▼ 欧洲航天局讨论国际空间站建设事务

国际空间站的建设拒绝中国加入。

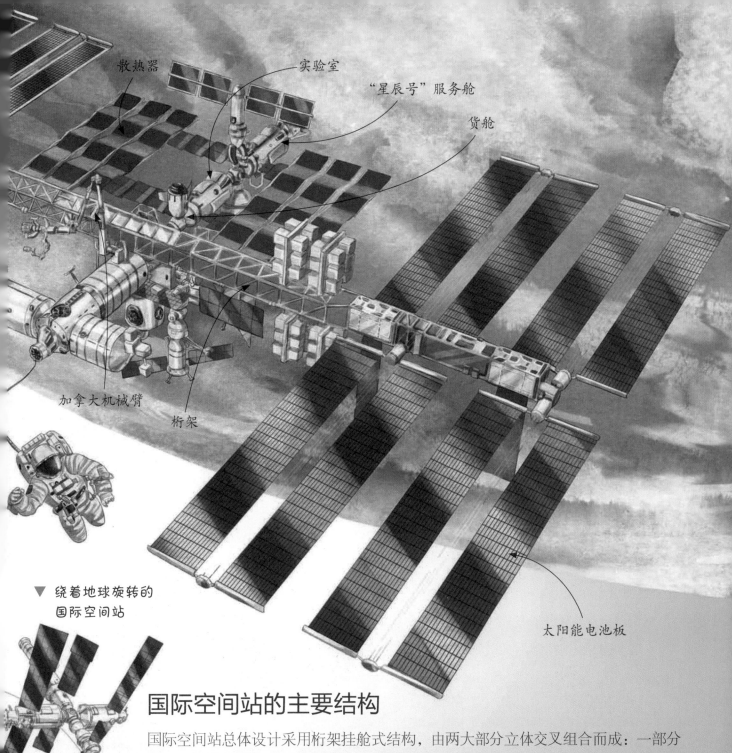

散热器　　　实验室　　　"星辰号"服务舱　　　货舱

加拿大机械臂　　桁架

▼ 绕着地球旋转的
　国际空间站

太阳能电池板

国际空间站的主要结构

国际空间站总体设计采用桁架挂舱式结构，由两大部分立体交叉组合而成：一部分以俄罗斯的多功能舱为基础，通过对接舱段及节点舱，与服务舱、实验舱、生命保障舱等对接，形成空间站的核心部分；另一部分是在美国的桁架结构上，装有加拿大机械臂和其他舱外设备以及 4 对大型太阳能电池帆板。这两大部分垂直交叉构成"龙骨架"，不仅加强了空间站的刚度，而且有利于设备仪器的性能发挥及航天员出舱装配与维修。

国际空间站的运行速度和设计年限

国际空间站属于低轨道航天器，其围绕地球的运行轨道是一个近似于圆形的椭圆形轨道。每隔 92 分钟它就会绕行地球一圈，一昼夜下来可以绕地球约 16 圈。国际空间站原计划使用到 2024 年，不过根据运营各国最新的协商决定，国际空间站将"服役"到 2030 年。

哈勃空间望远镜

哈勃空间望远镜是太空中一架围绕着地球运转的空间望远镜。1990 年 4 月 24 日，在美国肯尼迪航天中心搭载"发现号"航天飞机进入太空。哈勃空间望远镜是人类第一架空间望远镜，它的名字来自著名天文学家爱德温·哈勃。

◀ 哈勃观测宇宙

哈勃是谁？

在 20 世纪初期，爱德温·哈勃证实了在银河系外还存在其他的星系，并发现了宇宙正在不断膨胀。他提出了哈勃定律，为大爆炸理论提供了依据。在天文学界，哈勃被尊称为"星系天文学之父"。由于哈勃望远镜的观测任务在很大程度上正是以哈勃的工作成果为基础的，所以这架空间望远镜便被命名为"哈勃"。

哈勃提出宇宙膨胀定律

哈勃提出宇宙是在不断膨胀的。

为什么要将"哈勃"送入太空？

地球的大气层是人类生存的保障，但它也是天文观测的一个巨大挑战。持续涌动的大气层会导致星光闪烁，将光谱中的红外线和紫外线吸收殆尽。人们曾尝试将望远镜架设在远离城市灯光污染、大气层相对稀薄的高海拔地区，但效果终究有限。因此，人们开始考虑将望远镜送入外太空，以避开大气层。

哈勃空间望远镜长什么样？

哈勃空间望远镜配置的仪器有广域和行星照相机，它们可以拍摄广袤的星空，也可以探测到暗弱的天体。高解析摄谱仪可以达到90000的光谱分辨率。辅助系统由通信、电源、数据处理和环境控制、遥测等部件组成。为哈勃空间望远镜提供能量的是两块太阳能充电板。然而，由于流星体的撞击，这两块充电板需要时常更换。

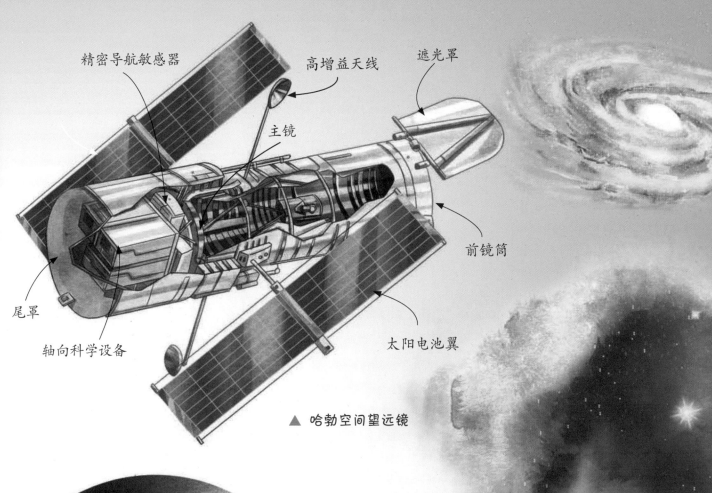

精密导航敏感器　　高增益天线　　遮光罩

主镜

前镜筒

尾罩

轴向科学设备

太阳电池翼

▲ 哈勃空间望远镜

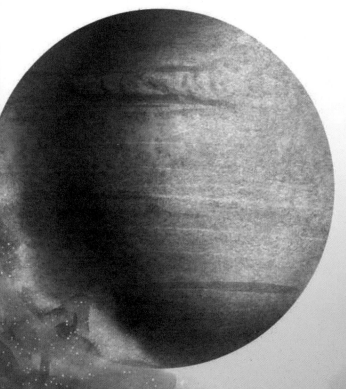

"哈勃"都看见了什么？

哈勃空间望远镜为地球发回了许多珍贵资料。1990年11月9日，它拍摄到土星的赤道附近有一条长长的云，被科学家称为"大白斑"。它还拍摄到银河系一颗28星等的暗弱星球，距地球3.5万光年。它拍到过一颗距地球80亿光年的类星体，这是已知离我们最远的类星体。哈勃空间望远镜还曾拍摄到在离地球3.1亿光年的地方正在形成一个新的星系。

另类的望远镜——射电望远镜

为了探究宇宙深处的秘密，科学家发明了可以探测罕见和复杂的信号源的射电望远镜。它可以测量宇宙中天体射电的强度、频谱等。

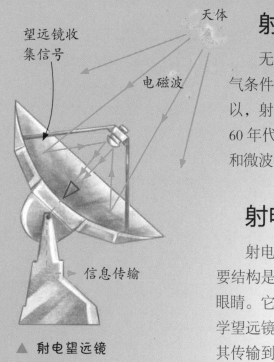

天体

望远镜收集信号

电磁波

信息传输

▲ 射电望远镜

射电望远镜的优点

无线电波可以穿过尘埃和云雾，因此射电望远镜的使用不受天气条件的限制，无论刮风下雨还是白天黑夜，都可以进行观测。所以，射电望远镜的探测能力要远远强于普通的光学望远镜。20 世纪60 年代，天文学上的四大发现——脉冲星、类星体、星际有机分子和微波背景辐射，都是人们通过射电望远镜发现的。

射电望远镜的结构

射电望远镜没有高高竖起的镜筒，连物镜和目镜都没有。它的主要结构是天线和接收系统两大部分。巨大的天线就如同射电望远镜的眼睛。它的种类很多，最常见的是抛物面天线。这种天线的作用与光学望远镜中的物镜类似——收集宇宙中来的微弱无线电信号，然后将其传输到接收机中放大，最后记录下来的结果就是弯曲的线条。这些曲线中蕴藏着天体的很多信息。

牵引着馈源舱的百米高塔

射电望远镜的分类

射电望远镜的种类特别多，根据不同的准则，可以有不同的分类方法：比如根据接收天线的形状，可以分为抛物面、抛物柱面、抛物面截带、球面、喇叭、行波、螺旋、偶极天线等射电望远镜；根据方向束的形状，可以分为扇束、铅笔束、多束等射电望远镜；根据工作类型的差别，又可以分为扫频、全功率、快速成像等射电望远镜。总之，射电望远镜也是一个大家族。

▲ ASKAP（澳大利亚平方千米列阵射电望远镜）一个天线

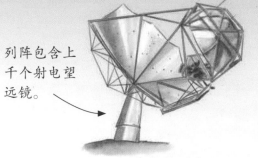

列阵包含上千个射电望远镜。

▲ 平方千米阵列射电望远镜

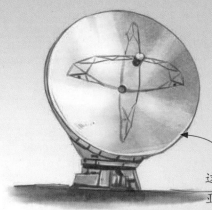

这是世界上首个亚毫米波段成像的射电望远镜。

▲ 次毫米波阵列望远镜

中国的"FAST"

目前坐落在我国贵州大山中的"FAST"，是当今世界上最大的球面射电望远镜，反射面总面积可达 25 万平方米，差不多相当于 30 个足球场那么大。同时，口径达到 500 米的它，也是世界上单口径最大的射电望远镜，从底到顶部圆心的垂直距离，差不多有 138 米。"FAST"于 2016 年 9 月 25 日落成启用。

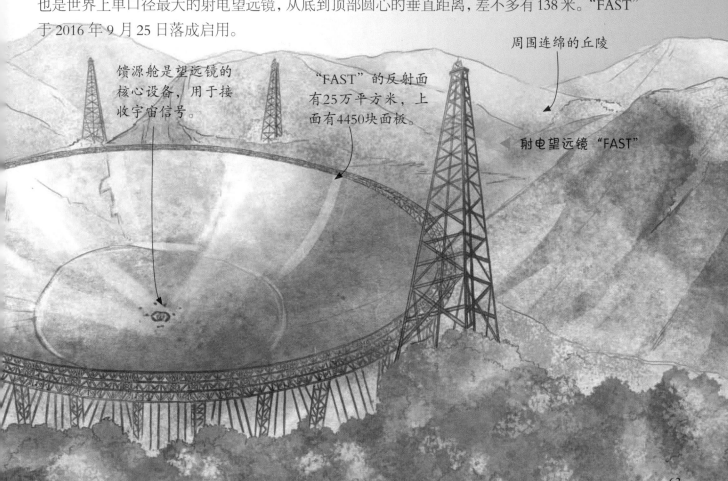

馈源舱是望远镜的核心设备，用于接收宇宙信号。

"FAST"的反射面有25万平方米，上面有4450块面板。

周围连绵的丘陵

射电望远镜"FAST"

探索彗星的探测器

彗星上可能保留着太阳系形成初期的信息。为了获取这些信息并破解太阳系起源的秘密，从20世纪80年代以来，对彗星的探测研究就成了空间探测的一个重要课题。各国科学家们从未停止过探索彗星的脚步，从飞掠到撞击再到登陆。随着技术的进步，探测的手段也越来越丰富，人类对彗星的了解越来越深入。

"哈雷舰队"

1986年，著名的哈雷彗星回归。为了对它进行近距离探测，各国共发射了6个探测器，人们将其合称为"哈雷舰队"。1986年3月14日，欧洲航天局发射的"乔托号"探测器以596千米的近距离掠过哈雷彗星的彗核，成为离哈雷彗星最近的探测器。它为哈雷的彗核拍摄了近1500张照片，其凹凸不平、形似花生的"外貌"清晰可见。它还对彗星的喷出物进行了分析，获得了大量宝贵的观测资料。

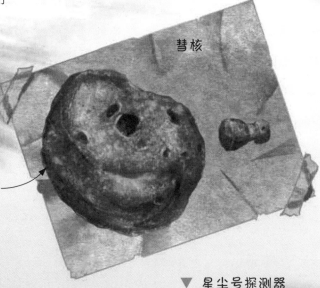

▼ "乔托号"探测器

"乔托号"探测器第一次观测到彗星的彗核。

彗核

彗核是由石块、尘埃、冰以及冻结的气体组成的混合物。

▼ 星尘号探测器

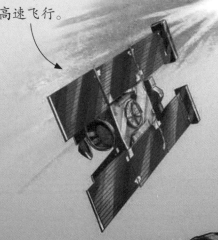

星尘号探测器高速飞行。

首次成功采集彗星尘埃

1999年2月7日，美国发射了"星尘号"探测器。2004年1月2日，"星尘号"与它的探测目标"维尔特2号"彗星相遇，并从其彗发中穿过，离彗核最近时只有240千米左右。"星尘号"不仅拍摄了彗星图像并获取了探测数据，还专门配置了尘埃采集器，将大量的彗星尘埃微粒带回地球，这是人类首次成功对彗星尘埃进行采样。2006年1月15日，带着采集到样本的"星尘号"返回舱在美国犹他州的沙漠中成功着陆。

与彗星亲密接触

和其他探测器飞掠彗星的探测任务不同，"深度撞击号"的任务是与彗星进行一次亲密接触，这也是人类历史上的首次。2005 年 7 月 4 日，"深度撞击号"释放出的一颗重达 372 千克的撞击器，准确地击中了"坦普尔 1 号"彗星的彗核。撞击产生的能量差不多相当于 4.7 吨 TNT 炸药，这让"坦普尔 1 号"的亮度陡增了 6 倍。彗核的表面在撞击之后形成一个直径 150 米的"弹坑"。

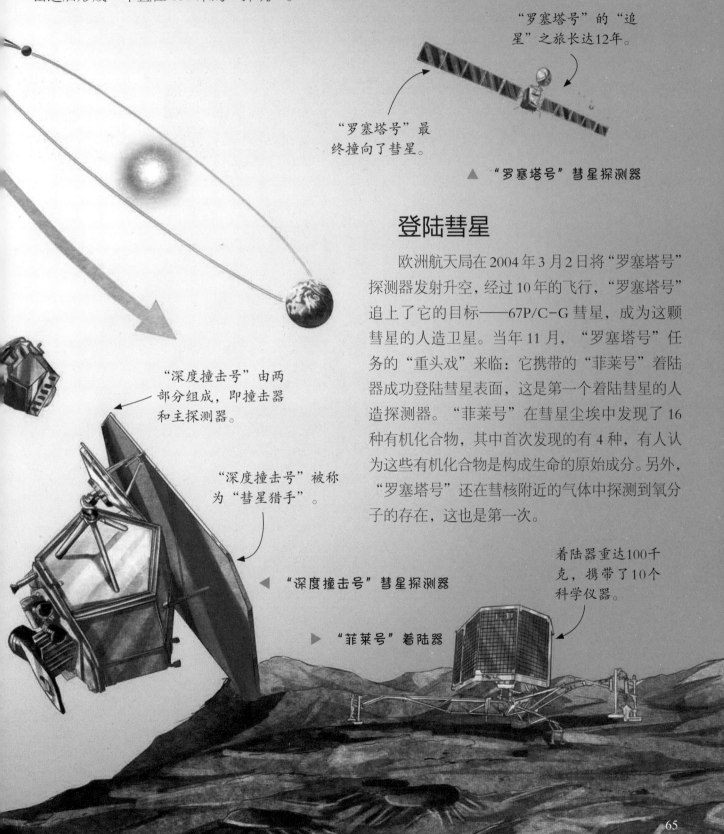

"罗塞塔号"的"追星"之旅长达12年。

"罗塞塔号"最终撞向了彗星。

▲ "罗塞塔号" 彗星探测器

登陆彗星

欧洲航天局在 2004 年 3 月 2 日将"罗塞塔号"探测器发射升空，经过 10 年的飞行，"罗塞塔号"追上了它的目标——67P/C-G 彗星，成为这颗彗星的人造卫星。当年 11 月，"罗塞塔号"任务的"重头戏"来临：它携带的"菲莱号"着陆器成功登陆彗星表面，这是第一个着陆彗星的人造探测器。"菲莱号"在彗星尘埃中发现了 16 种有机化合物，其中首次发现的有 4 种，有人认为这些有机化合物是构成生命的原始成分。另外，"罗塞塔号"还在彗核附近的气体中探测到氧分子的存在，这也是第一次。

"深度撞击号"由两部分组成，即撞击器和主探测器。

"深度撞击号"被称为"彗星猎手"。

◀ "深度撞击号" 彗星探测器

着陆器重达100千克，携带了10个科学仪器。

▶ "菲莱号" 着陆器

太空污染——太空垃圾

太空垃圾，指的是围绕着地球运行但已经没有作用的人造物体。这些太空垃圾主要是在人类探索太空的过程中产生的，如被遗弃的多级火箭部件和报废的人造地球卫星。据美国宇航局2006年公布的数据，太空垃圾的总质量已接近5000吨。

太空垃圾的来源

20世纪中期，近地轨道的太空垃圾主要是卫星和火箭残骸。但进入21世纪后，太空环境污染问题变得严重起来。美国进行了一系列反卫星试验，摧毁自己的卫星；更多国家制造的航天器在太空中爆炸等等。面对这种情况，机构间空间碎片协调委员会和联合国和平利用外层空间委员会制定了《空间碎片缓减准则》。

1957年　　1993年　　2018年

▲ 越来越多的太空垃圾

破碎的航天器成了太空垃圾。

太空垃圾的危害

太空垃圾最直接的危害是无法预测其运动轨迹，极易与运行中的航天器相撞，十几厘米的垃圾足以摧毁整个航天器。例如，国际空间站每年都要躲避多次来自太空无序碎片的攻击；太空垃圾的堆积会占满运行轨道，累积下去会让太空探索工作停滞；部分未知的垃圾某一天可能会因为天体的引力作用落在地球上，而垃圾所带的有害物质就会污染我们的家园。

凯斯勒现象：越来越多的太空垃圾

1978 年，美国一位天文学家凯斯勒提出：即使人类停止向太空发射任何卫星、火箭等航空器，太空垃圾还是会增加，这是因为现有的太空垃圾会相互碰撞并断裂，产生更多的碎片。这种分裂的速度是快于减少的速度的，这就是所谓的"凯斯勒现象"。

渔网式捕获太空垃圾。

鱼叉式捕获太空垃圾。

▲ "打捞"太空垃圾

太空垃圾在轨道上肆意游走，占用轨道资源。

太空大碎片已有数万个，小碎片有几千万个。

▲ 破碎的航天器

失效的航天器

消灭太空垃圾的办法

为了应对突发情况，各国的航天器都加上了防护罩，以避免垃圾和航天器发生撞击。相关组织还对宇宙中可探测的垃圾进行编目，以便于及时监测垃圾的动向。很多航天大国也都推出了清扫太空垃圾的计划，如发射专门捕捉太空垃圾的人造卫星，将垃圾带入地球大气层焚烧；织就一张巨大的"太空渔网"用来"打捞"漂浮着的太空垃圾等。不过这些措施执行起来都比较困难，执行成本远大于被碎片撞击后造成的经济损失。所以，目前针对太空垃圾还是以"躲"为主，或者等着它们在大气层中自行陨毁。

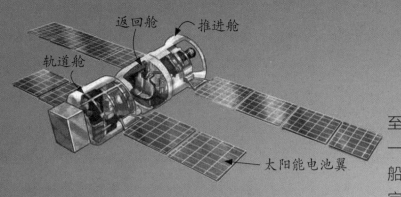

轨道舱　返回舱　推进舱

太阳能电池翼

"神舟" 遨游

1992 年，中国开始实施载人航天工程，至今已经取得了飞跃式的进展。从"神舟一号"到"神舟十七号"，每一艘神舟飞船的发射，都意味着中国更加有能力探索宇宙。

"神舟"飞船的构造

"神舟"飞船大致可分为 4 个部分，分别是轨道舱、返回舱、推进舱和附加段。轨道舱是宇航员工作、吃饭、睡觉、清洁等活动的场所；返回舱与轨道舱的一端相通，宇航员往返太空时需要乘坐返回舱；推进舱装载着飞船的设备，为宇航员提供氧气和水，并维持飞船的正常运转；附加段用于飞船将来与另一艘飞船或空间站交会对接，也可以安装用于空间探测的仪器。

"神舟五号"——首艘载人飞船

从 1999 年到 2002 年，中国发射了 4 艘"神舟"飞船，每一艘都载着各种物品，唯独没有载宇航员。到 2003 年，中国终于发射了第一艘自主研发的载人飞船——"神舟五号"，成为继苏联和美国之后第三个将人类送进太空的国家，宇航员杨利伟成为中国进入太空的第一人。

"神舟五号"飞船由长征二号 F 运载火箭发射升空。

推进舱

轨道舱

"神舟五号"

杨利伟是中国进入太空的第一人。

杨利伟

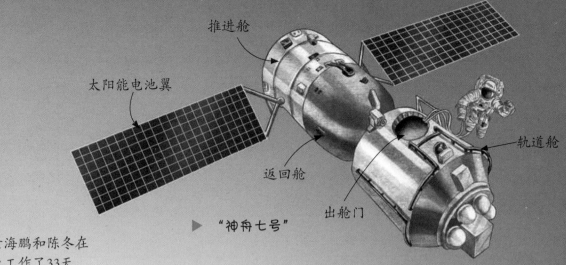

推进舱

太阳能电池翼

轨道舱

返回舱

出舱门

▶ "神舟七号"

景海鹏和陈冬在
轨工作了33天。

▼ 景海鹏和陈冬

"神舟七号"——
实现太空漫步

　　2008 年，中国从酒泉卫星发射中心发射了第七艘神舟系列飞船——"神舟七号"。宇航员穿着特制的宇航服，实现了中国历史上第一次太空漫步。穿好航天服的翟志刚在气闸舱内充分吸氧后出舱行动，而刘伯明则在轨道舱进行协助。从翟志刚踏出舱外的一小步开始，中国的航天事业又向前迈进了一大步。

"神舟十七号"——"太空出差"新亮点

　　"神舟十七号"发射于 2023 年 10 月 26 日，是我国载人航天工程进入空间站应用与发展阶段的第二次载人飞行任务。本次发射正值我国首次载人飞行任务成功 20 周年之际，最年轻航天员乘组 3 人将完成与"神舟十六号"乘组在轨轮换并驻留约 6 个月，期间将首次进行空间站舱外试验性维修作业。

搭建"天宫"

中国载人航天工程的目标不仅是发射几艘飞船这么简单，而是要从载人飞船起步，逐步建立起中国的空间站。天文学家为这个空间站起了一个极有中国特色的名字——"天宫"。

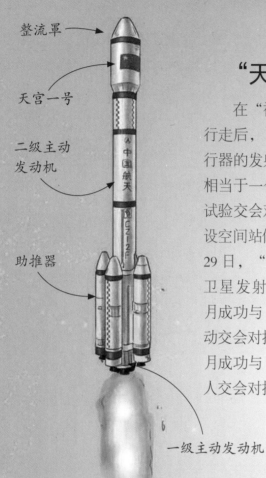

整流罩

天宫一号

二级主动
发动机

助推器

一级主动发动机

▲ 长征二号FT1火箭

"天宫一号"

在"神舟七号"实现太空行走后，"天宫一号"目标飞行器的发射便提上了日程。它相当于一个迷你实验室，用来试验交会对接技术，为未来建设空间站做准备。2011年9月29日，"天宫一号"从酒泉卫星发射中心发出，同年11月成功与"神舟八号"完成自动交会对接，后又在2012年6月成功与"神舟九号"完成载人交会对接。

航天员王亚平在"天宫一号"进行"太空授课"。2021年，在中国空间站"天宫课堂"第一课开讲。

▼ "天宫一号"的"太空课"

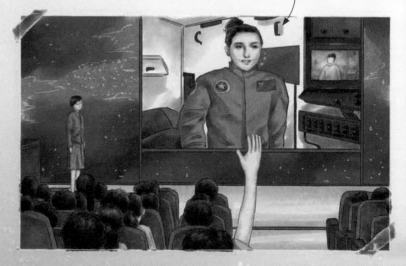

太空授课

2013年6月11日，"神舟十号"飞入太空，不久与"天宫一号"进行最后一次交会对接任务。对接完成后，"神舟十号"的宇航员们于6月20日在"天宫一号"进行了一次特别的"太空授课"，为全国青少年展示了几个物体在太空失重状态下会发生的现象，并与学生们互动交流。

"天宫二号"

如果说"天宫一号"是只用于试验交会对接的实验室，那么"天宫二号"就是真正让科研人员做实验的实验室。2016 年，在"天宫一号"结束工作后，"天宫二号"于 9 月飞入太空。它继续试验交会对接技术，同时解决组装、补给、循环利用等重要问题。

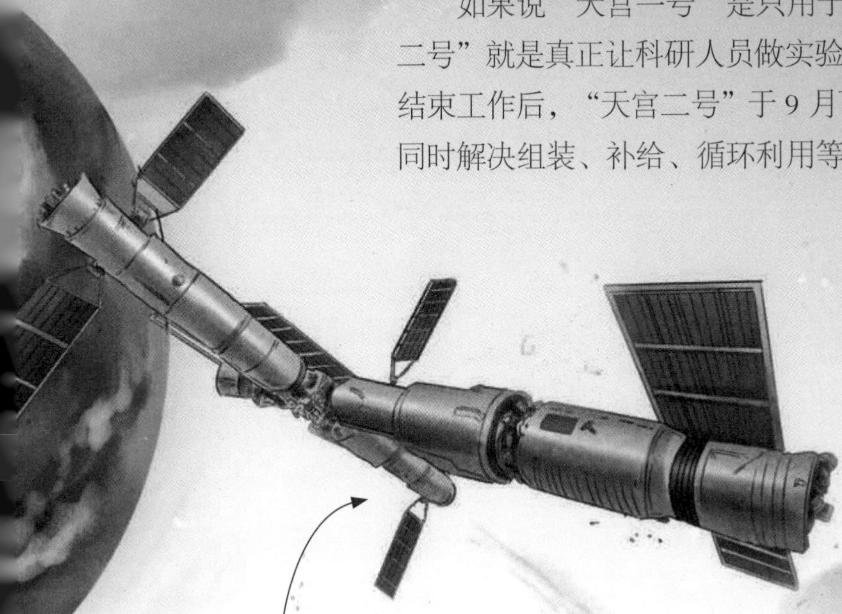

天宫空间站由"天和"核心舱与"问天""梦天"两个实验舱组成。

▲ "天宫"空间站

圆满完成任务

"神舟十一号"与"天宫二号"对接后，宇航员在"天宫二号"内生活了 30 天之久，这足以说明"天宫二号"的各项技术已经十分成熟。在超额完成了所有预定任务后，"天宫二号"在 2019 年 7 月 19 日受控离轨，再入地球大气层，标志着中国载人航天工程空间实验室阶段全部任务圆满完成。

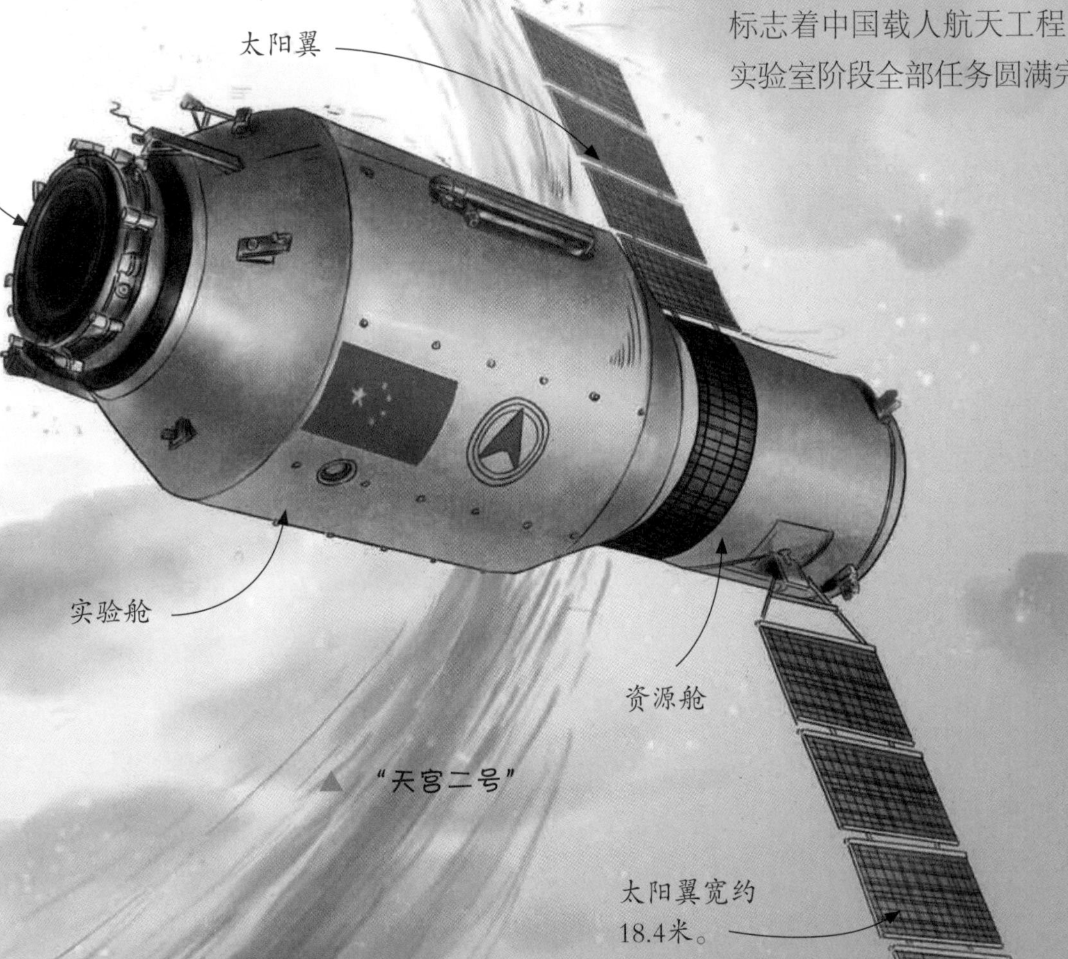

太阳翼

对接口

实验舱

资源舱

▲ "天宫二号"

太阳翼宽约
18.4米。

"嫦娥"奔月

2019年1月，中国实现了真正的"嫦娥奔月"。"嫦娥四号"探测器实现了人类探测器首次月背软着陆，并传回了世界第一张近距离拍摄的月背影像图。"嫦娥四号"成为国际航天明星，离不开"嫦娥一号""嫦娥二号""嫦娥三号"的技术积累以及无数航天工作者夜以继日的努力。

月球竞赛

从人类可以触及月球起，世界大国就为争抢月球上可供人类开发的各种资源而展开竞赛。为了人类社会的可持续发展，中国也成了这场竞赛的选手之一。从2004年起，中国正式开展名为"嫦娥工程"的月球探测工程，计划逐步实现无人月球探测、载人登月、建立月球基地3个阶段。

"嫦娥"绕月

2007年，中国探月工程迈出了第一阶段的第一步，发射首颗绕月人造卫星"嫦娥一号"。"嫦娥一号"的任务就是绕着月球轨道运行，同时获取月球表面的3D影像，探测可利用元素的含量和各种物质的分布特点，月球土壤的厚度以及地月之间的空间环境。2009年，"嫦娥一号"完成了全部任务，撞击月球表面预定地点。

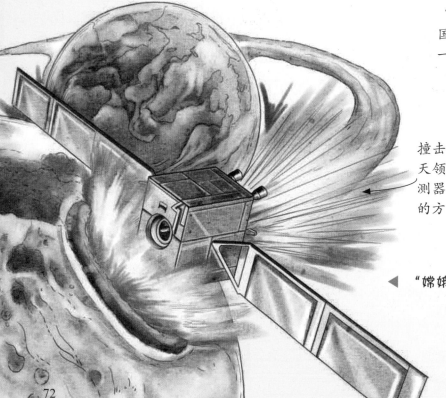

逃逸塔

▼ "长征三号"运载火箭发射

整流罩

"长征三号"是中国火箭发展史上的一个重要里程碑。

撞击月球是国际航天领域结束月球探测器使命普遍采用的方式。

◀ "嫦娥一号"撞向月球

"嫦娥"落月

2010年10月，中国又发射了"嫦娥二号"人造卫星去接替"嫦娥一号"的工作。在完成各项试验和任务后，"嫦娥二号"成为太阳系中的小行星。到这时，绕月探测工程圆满结束，中国于2013年开始实施二期工程，发射"嫦娥三号"无人探测器，对月球表面进行探测。

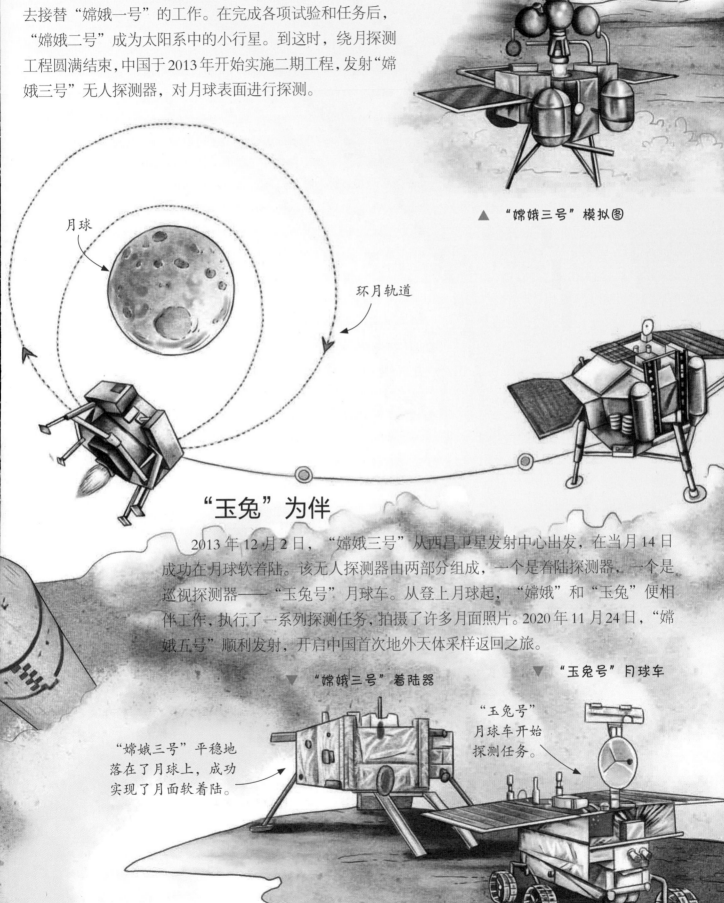

▲ "嫦娥三号"模拟图

月球

环月轨道

"玉兔"为伴

2013年12月2日，"嫦娥三号"从西昌卫星发射中心出发，在当月14日成功在月球软着陆。该无人探测器由两部分组成，一个是着陆探测器，一个是巡视探测器——"玉兔号"月球车。从登上月球起，"嫦娥"和"玉兔"便相伴工作，执行了一系列探测任务，拍摄了许多月面照片。2020年11月24日，"嫦娥五号"顺利发射，开启中国首次地外天体采样返回之旅。

▼ "嫦娥三号"着陆器

▼ "玉兔号"月球车

"玉兔号"月球车开始探测任务。

"嫦娥三号"平稳地落在了月球上，成功实现了月面软着陆。